植物园创新发展与实践丛书

植物园活植物收集与管理

Living Collection and its Management in Botanical Gardens

黄姝博　王正伟　胡永红　编著

U0262815

中国建筑工业出版社

图书在版编目（CIP）数据

植物园活植物收集与管理 = Living Collection and its Management in Botanical Gardens／黄姝博，王正伟，胡永红编著．—北京：中国建筑工业出版社，2022.7

（植物园创新发展与实践丛书）

ISBN 978-7-112-27427-7

Ⅰ.①植… Ⅱ.①黄… ②王… ③胡… Ⅲ.①植物园—植物—介绍—上海 Ⅳ.①Q948.525.1

中国版本图书馆CIP数据核字（2022）第091627号

本书总结和借鉴了国内外知名植物园活植物收集和管理领域的方式方法，系统地回顾了2005～2020年辰山植物园活植物收集和管理的策略制定，以及植物收集和管理的实施情况，细致地分析和评估了21个收集重点类群的效益，并在此基础上制定了辰山植物园活植物收集管理的长远规划策略，对未来活植物收集与管理提出建议。本书可供植物园同行，以及植物学、风景园林学等相关专业的学生和植物爱好者参考。

This book summarizes and draws lessons from various methods of living collection management in botanical gardens in China and other coutries, systematically reviewes the history of living collections and the management policy making and implementation of Shanghai Chenshan Botanical Garden during 2005-2020, analyzes and evaluates 21 collection priorities, and makes a long-term policy on living collection management. This book is a valuable reference for counterparts of other botanical gardens, students of botany, landscape science and plant hobbyists.

责任编辑：杜　洁　孙书妍
版式设计：锋尚设计
责任校对：姜小莲

植物园创新发展与实践丛书
植物园活植物收集与管理
Living Collection and its Management in Botanical Gardens
黄姝博　王正伟　胡永红　编著

*

中国建筑工业出版社出版、发行（北京海淀三里河路9号）

各地新华书店、建筑书店经销

北京锋尚制版有限公司制版

北京云浩印刷有限责任公司印刷

*

开本：787毫米×1092毫米　1/16　印张：13¼　字数：272千字

2022年7月第一版　2022年7月第一次印刷

定价：**118.00**元

ISBN 978-7-112-27427-7

（39108）

序

　　活植物收集是植物园的核心和"灵魂"，承载着一个植物园的历史与现状、科研实力和声誉，是植物园的科学内涵和社会价值的载体，也是植物园迁地保育使命的基础。这个概括是我从事植物园科研、管理，尤其是植物迁地保育工作多年来的体会。

　　我们在建设、管理和推进植物园高质量发展实践中，常常会思考关于活植物收集和管理的原则和方法，也时常会遇到问题和疑惑。第一，植物园为什么要引种？引种是植物园基本属性的必然！按照国内外通用的植物园界定标准：具有一定永久性和科学依据的活植物收集；具有恰当的植物信息记录；监测迁地收集植物的生长发育、栽培繁殖和物候特征；有充足的植物解说系统；向公众开放，满足公众科学素质提升和文化生活增长的需求；与其他机构交换植物材料和信息；开展基于活植物保存的引种收集、栽培繁殖、新品种培育研究。显然，植物园的任何活动和功能的实现，都是建立在一定数量的活植物收集之上的，因此，植物园在建园之初，就要建立充分的活植物收集基础。第二，如何做好活植物收集的保育和管理？植物园引种的植物通常以野生植物为主、栽培植物为辅，引种只是活植物收集工作的开始。如何使得植物园引种的植物实现其科学研究价值、迁地保护价值、发掘利用价值、科普教育价值是一项任重道远、长期综合管理的艰巨任务。涉及栽培管理、园艺养护管理、迁地保护管理、遗传资源管理、发掘利用管理、信息记录及信息系统维护管理等多纬度、多学科、多技术的管理。与国际现代植物园相比，我国植物园活植物的综合管理明显不足，登录管理和信息记录缺乏规范且未受到充分重视，资源评价缺乏系统性和科学性等，这些都制约了活植物收集的科学价值与利用价值。第三，植物园收集了一定数量的植物之后，引种工作为什么还应成为常态化规范？通常植物园引种与植物的驯化密切关联，引种也是植物园科学研究的重要一环，即植物引种支撑植物园属性和科学研究，因此，引种必然成为常态化规范。即使出于特定目的的引种也会有植物资源的分布、稀缺性、生长周期、生长速度等制约因素，也难以一蹴而就。植物园科学研究和引种驯化的属性决定了植物引种工作的长期性、规范性和动态性等特征。同时，植物园的地域气候环境特点也促使植物引种不断认知、不断更新、动态管理。世界上没有一个植物园的引种工作是固化的、一劳永逸的，植物园的引种犹如一个源源不断的河流，是一个不断引入、不断淘汰、不断更新的过程。世界上多数百年老园在当初建园时引种的植物保存下来的通常不及建园之初引种数量的10%，可见植物园活植物引种工作的长期性和艰巨性。因此，制定植物园的活植物收集策略，规划植物园每5～10年，甚至更长时间周期的引种任务，是植物园中长期规划的重要组成部分。最后，如何评估植物园的活植物收集更是一个需要植物园同仁们深入思考、共同努力、提升引种层次和管理水平的必备功课。

以上是我对本书题目的一点思考。辰山植物园作为我国植物园中的后起之秀，十余年来在活植物收集和管理工作中取得了令人瞩目的成就，凝聚了辰山植物管理者、科研和园林园艺工作者的艰辛付出、智慧和创新。本书系统总结了辰山植物园十余年的活植物收集与管理工作，又不乏对问题的思考及长远展望，具有很好的参考价值，可为其他植物园提供宝贵的借鉴。

植物资源蕴含着的巨大潜力，可以帮助解决人类生存问题、促进经济社会可持续发展，植物园必将在应对气候变化、保护植物资源及其多样性、合理开发和可持续利用植物资源方面发挥更重要的作用。我更加期待下一个十年，在既定的收集策略指导下，辰山的活植物收集更科学，活植物管理更完善，辰山植物园成为国内外植物园活植物收集引种的典范。

黄宏文

中国植物学会副理事长、国际植物园协会（IABG）秘书长

2021 年 6 月 26 日于江西庐山

前言

　　活植物即植物种质资源，是指包含植物全部遗传信息的活体材料，如活体植株、种子、花粉、组织培养物等。对活植物的引种、养护、跟踪记录、评估和使用等行为称为活植物的管理，其中跟踪记录是最根本的管理。活植物收集作动词时，意思等同于引种；作名词时，指所有具有信息记录的活植物的总称。是否拥有连续而详尽的植物记录，是科学植物园区别于公园的显著特点。活植物收集是植物园的根本，是达成植物园使命和任务的基础，活植物收集通常具有保育、研究、科普、美学的价值，可以陶冶情操、启迪心智，通过活植物的保护和开发利用可以帮助解决人类面临的问题。因此，活植物收集与活植物管理是植物园最基础、最核心的工作，植物园的其他工作都围绕此项工作展开。

　　植物园的活植物收集始于1544年建立的意大利比萨植物园，以药用植物收集为主。而历史上著名的活植物收集包括了邱园1850年引种的金鸡纳树（*Cinchona ledgeriana*）和1876年引种的橡胶树（*Hevea brasiliensis*），这两种重要的经济植物在邱园得以栽培和繁殖，并在印度、斯里兰卡、新加坡和马来西亚等国家大规模种植，为英国获得了巨大的经济利益。

　　我国植物园活植物的收集起步晚，但发展快，有很多国外植物园发展中的经验教训可以借鉴。一些大型植物园非常重视活植物收集与管理工作，经过多年摸索，已经形成了适合自己的比较完善的体系。但是总体来看，我国植物园在活植物收集与管理上的情况并不尽如人意。理想情况下，植物园的活植物收集为科研工作提供活体或离体材料，用于性状观察或提取成分；为科普活动提供自然环境和植物素材，用于普及生态环境和植物知识；为园艺展览提供花卉苗木；为珍稀濒危植物保育提供繁殖材料。现实中，植物园的收集和管理存在着诸多问题。在活植物收集上，存在的问题比如收集的植物与植物园主要业务工作割裂，科研、科普和园艺大都用不上，开展其他工作还要各自去寻找、采集和购买；又比如盲目收集，越多越好，重量轻质，追逐"万种园"的称号；再比如跟风收集，追逐热门植物，与本单位工作不相关，缺乏特色。管理上的问题更严重，花费了人、财、物引种的植物没有相应的植物信息，就很难再将植物应用到科研、园艺和科普工作中，失去了引种植物的价值，让收集成为徒劳。

上海辰山植物园的活植物收集与管理工作始于 2005 年。在植物园从筹备到建成的不同发展进程中，活植物收集可大致分为初步启动、全面铺开、需求增强、科学有序四个阶段，至今活植物收集的数量达 18000 分类单位（taxa）。在活植物管理上，上海辰山植物园借鉴了国内外植物园的经验，走出了一条自己的特色之路，从引种之初就进行了严格详尽的管理，并逐步升级管理工具和方式，开发了辰山植物园活植物管理系统和园丁笔记 APP，将活植物管理的全流程整合进该管理系统，积累了翔实的植物信息数据；在国内率先启用植物个体管理方式，增加了管理的精度；摸索出一套适合辰山植物园的标牌制作与管理模式；高度重视活植物收集策略的制定与实施，结合园区规划，制定 30 年、10 年、5 年和 1 年的引种规划；探索出一套普遍适用的活植物收集评估方法等。

本书梳理了国内外知名植物园活植物收集与管理的成功经验，回顾和总结了上海辰山植物园建园十年来活植物收集与管理工作的历程。我们认为：植物园在活植物收集上，最核心的任务是把控活植物收集的质量，具体体现在能够使用到的活植物在所有收集植物中的占比，这里的"使用"是多方面的，一般为科研、园艺、科普、植物保育等。在活植物的管理上，最重要的是管理的有效性，具体体现为连续、完备和可持续三方面。连续是管理的长度，是长期、不间断的管理；完备是管理的宽度，为全生命周期，形成闭环；可持续是管理有效性的根本体现，为了实现可持续，需在管理的长度和宽度上进行博弈，同时寻求更便捷的技术辅助手段。

感谢英国邱园、美国阿诺德树木园和长木花园，以及国内中科院西双版纳热带植物园和深圳仙湖植物园等国内外植物园提供宝贵的活植物收集与管理策略，让我们在制定自身策略时受益良多。感谢上海辰山植物园活植物引种和管理团队的各位成员，搭建了辰山植物引种和管理的基础框架，这些都是日积月累的工作，他们为每一种植物的引进和管理花费了大量心血，视植物为自己的宝贝。感谢上海辰山植物园信息技术团队，研发了实用的管理软件，运用手机终端，让每个人都能随时参与数据收集和处理，使活植物管理的效率大幅度提升。

本书稿第 3 章中有关活植物管理信息化水平提升方面的部分资料由陈建平提供。第 4 章中 21 个收集重点的资料由各专类植物的研究员或负责人提供，他们是魏宇坤、李萍、葛斌杰、倪子轶、曾歆花、田代科、付乃峰、周丹燕、李莉、汪艳平、杨俊、丁洁、张宪权、张颖、叶康、虞莉霞、刘炤、田娅玲、林琛、王琦、杨宽、周翔宇、沈慧、韦宏金，特此表示感谢。附件 5 上海辰山植物园活植物管理系统用户手册由陈建平、高燕萍提供。

感谢中国建筑工业出版社杜洁编辑长期的鼓励和支持，在大纲和细节把控上给予很多中肯建议。

活植物收集和管理是一个长期工作，在前人的基础上，我们作了一点点探索，期望能给同行一些参考，更多的是希望同行给予建议和指导，共同提升我们植物收集和管理的水平。

目录

第 5 章　辰山植物园收集管理长远规划

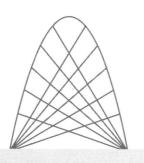

第 1 章
国内外知名植物园的收集与管理策略

一个植物园的活植物收集和管理情况可以真实反映这个植物园的业务能力和管理水平。为了做好活植物收集和管理工作，植物园一般会制定活植物收集与管理的相关制度，如活植物收集策略和活植物管理流程，以统一认识、提高效率，保障活植物收集符合植物园的使命和愿景。国内外领先的植物园无疑都有着优秀的植物收集能力和高超的管理水平，回顾它们的收集历史，了解它们的收集策略和管理方法，可以帮助我们思考如何制定自己的植物收集策略，如何管理好现有的植物收集，避免走弯路。

1.1 国外植物园活植物收集

英国皇家植物园邱园、美国阿诺德树木园和美国长木花园都是具有百年历史的著名植物园。他们的活植物收集历史悠久，管理精细，特点突出，为世人所称道。他们的活植物收集如何做到经久不衰，如何管理以实现可持续发展，如何充分利用活植物收集展现特色并促进植物园的发展？让我们通过回顾三座植物园的引种历史，了解他们的活植物收集策略，来寻找这些问题的答案。

1.1.1 英国皇家植物园邱园

（1）英国皇家植物园邱园引种历史

英国皇家植物园邱园成立于1759年，迄今已走过260多年。邱园的植物收集是伴随着英国殖民扩张开始的，起源于18世纪，此后不断发展壮大；19世纪中后期显著扩张，并延续至今。园艺师和植物学家弗朗西斯·马森（Francis Masson）、彼得·古德（Peter Good）、约瑟夫·班克斯（Joseph Banks）等远赴印度、澳洲和非洲，为邱园带回珍贵的植物。邱园还创办了园艺学校，亲自为大英帝国培养"植物猎人"[1]。1853年，邱园已经栽培了约4500种草本植物，1864年有约13000种植物，其中包括3000多种乔灌木[2]。邱园还在海外殖民地积极筹办分园，19世纪后期，洪都拉斯、加尔各答、多米尼加、牙买加、特立尼达等地都建立了分园，邱园派遣人员经营这些分园并在当地开展引种活动，为邱园贡献当地植物[1][3]。在大英帝国的殖民时期，邱园的作用不仅仅是植物采集和猎奇，在英国争夺海外贸易份额方面，邱园也立下了汗马功劳，被誉为"帝国经济作物中心"。历史上著名的金鸡纳树和橡胶树就是经邱园培育和繁殖的，为英国在全球获取了巨大经济利益[4]。

（2）英国皇家植物园邱园引种策略

英国皇家植物园邱园是植物和真菌知识的全球性资源库，拥有世界上数量最多、多样性最高的活植物收集和标本收集。这些广泛收集的植物是植物园的基础，种植于联合国教科文组织世界遗产西伦敦的邱园（Kew）132hm² 的土地上，以及萨塞克斯郡（Sussex）韦克赫斯特（Wakehurst）200hm² 的土地上，两处的收集合在一起，称为邱园活植物收集。科学家和园艺学家与世界各国的合作者一起，利用这些植物进行前沿的研究和保育工作，并为创新科普解说和各种培训教育项目奠定基础。

邱园活植物收集愿景：让活植物收集具有分类群多样性、地理分布多样性和遗传多样性，与邱园的科研重点结合统一，以创新的方式展示和解说，向不同的受众传播植物的精妙之处。

活植物收集的五个总体目标：

- 通过发展和维护具有多样性的活植物收集，支持当前和未来的科学和园艺研究。
- 通过对濒危物种的迁地繁殖和栽培，并提供遗传材料资源，支持植物保育。
- 进一步提升重要的活植物遗产价值以及邱园、韦克赫斯特两处园区景观的现代性。
- 提供活植物收集相关的有趣味且权威的科普解说，包括有关邱园全球影响和地区活动等引人入胜的故事，增进游客对植物多样性的了解。
- 维护两处园区中就地保护区域内生境的多样性和质量。

该策略使活植物收集与邱园科学策略（2015～2020年）和科学收集策略（2018～2028年）更加紧密结合，高效利用活植物收集服务于现代科学。该策略通过 5 个关键性问题来梳理目前的状况和指导未来的活植物收集工作。

①邱园现有的活植物收集有哪些？

邱园拥有世界上规模最大、多样性最高的活植物收集，包含 319 科、68490 个登记号、27267taxa、18834 原种。其中来自中国和美国的植物最多，其次是日本、土耳其、南非和澳大利亚。其中 3148 个登记号、872taxa 列入世界自然保护联盟（IUCN）濒危植物物种红色名录，占收集总数的 5%。87% 的登记号已鉴定到种，39% 的登记号为野生来源植物，濒临灭绝的植物占全部分类单元的 3%，占登记号的 5%，13taxa 为 IUCN 野外灭绝等级。

②现有和新增收集的重点是什么？

邱园现有和新增重点收集分类见表 1-1。

类别	内容	
科研收集	邱园科学策略（2015～2020年）提出了4个关键问题： 1. 地球上存在哪些植物和真菌，多样性如何分布？ 2. 哪些因素和过程造就了全球植物和真菌的多样性？ 3. 哪些植物和真菌的多样性受到威胁，需要保护哪些才能抵抗全球变化？ 4. 哪些植物和真菌有助于重要生态系统服务、可持续民生和自然资本，我们如何管理它们？ 活植物收集为解决以上科学问题提供活植物材料	
地理收集	邱园科学收集策略（2018～2028年）确定了4个增加收集的主要目标区域：非洲、东南亚、中南美洲和英国（包括英国海外领土）	
分类学收集	邱园科学收集策略（2018～2028年）为研究全球植物科、属确定了7个目标：棕榈科（Arecaceae）、菊科（Asteraceae）、豆科（Fabaceae）、桃金娘科（Myrtaceae）、兰科（Orchidaceae）、禾本科（Poaceae）、茜草科（Rubiaceae）。 新增的收集重点包括露兜树科（Pandanaceae）、凤梨科（Bromeliaceae）、报春花科（Primulaceae）、雪滴花属（*Galanthus*）、天南星科（Araceae）、鸢尾科（Iridaceae）、唇形科（Lamiaceae），以及猪笼草属（*Nepenthes*）和其他温带食虫植物等	
保育收集	增加IUCN红色名录濒危种、尚未评估的珍稀濒危物种，或局部地区珍稀物种的收集。未来十年内，活植物收集中，每年增加5%的IUCN红色名录物种	
景观收集	扩充和提升重点景观中的活植物收集：景观植物尽量代表开花植物的所有目和科；所有气候带和各种相关植物适应性；主要科学概念范例，如进化趋同和趋异；作物野生近缘种	

③如何管理和发展植物收集？

邱园活植物管理和扩充活植物收集的策略包括：保持活植物收集园艺养护和相关数据管理的最高水平；开发先进的记录管理系统，与邱园收集数据库、位置和地图功能及公众访问集成；制定针对每个主题收集的计划，指导每个收集的发展；确保现有的种植设施得到良好维护，建造新设施，满足未来植物收集需求；通过执行严格的生物安全程序，确保植物收集免受疾病和污染侵害；确保继续遵守植物收集和转运相关的法律和公约。

④如何提升收集价值，支持邱园的使命？

邱园的使命是成为植物和真菌知识的全球资源库，加深对世界植物和真菌的了解。可以通过解说、教育和培训，以及整合园艺、科学和保育三种途径，发挥活植物收集的作用，实现使命。详见表1-2。

邱园活植物收集的作用   表 1-2

途径	活植物收集的作用
解说	解说邱园所有对公众开放的活植物；使游客了解活植物收集的科学、历史、文化价值和使用方法；运用对活植物收集创新引人入胜和有效的解说，提高人们在科学、园艺和生态方面的素养
教育和培训	邱园有园艺学校、学校计划、游客学习计划，及植物和真菌分类学、多样性和保育理学硕士课程、国际公约普及课程、数字化传播、公众访问等教育培训项目和资源。运用不同生境的植物，具备专业的园艺培训水平；利用活植物收集的多样性展示植物科学的基本主题以及主要目和科的关键特征；提供丰富多样、精心管养的植物，用于学校和研究生教育、培训和研究；培养知识和技能，树立正确态度和价值观，为未来的园艺学家、植物学家和真菌学家指明职业发展途径
整合园艺、科学和保育	通过引种地理和分类群收集重点植物，整合科学收集和活植物收集；使收集用于制定新的科学研究计划，建立园艺和科研工作组；协调园艺和科研项目，保证关键物种的迁地保护；制定精准的栽培规程，尤其是濒危物种的栽培规程，记录收集物种的生物学特性；从选定的活植物中收集种子，纳入千年种子库，也可利用种子库中的种子提升活植物收集水平

⑤成功的活植物收集会是什么样？

成功的活植物收集要从保育、管理与研究、收集管理、设施，以及解说、教育和交流 5 个方面进行考量，详见表 1-3。

邱园活植物成功收集的标准   表 1-3

方面	标准
保育	繁殖栽培濒危物种，提供重要迁地保护植物资源，支持育种和恢复项目
	未来十年内，IUCN 红色名录物种的引种每年增加 5%
	坚持从重要活体植物采种，保存在千年种子库内，定期从种子库中提取样品提升活植物收集水平
管理与研究	维持高水平的植物管理，每个物种都有准确详实的数据
	增加鉴定到种的植物比例
	保持收集的遗传多样性，支持科学和园艺研究项目
	新引种植物符合邱园科学策略（2015～2020 年），来自重点地理区域和重点分类群
	定期记录植物的生物学特性，有详细的园艺规程明确栽培条件，支持研究、保育和恢复项目
	园艺与科研工作组定期开会，探索协同工作、收集重点调整，以及合作研究等工作

方面	标准	
收集管理	活植物收集数据库的数据准确充分，功能齐全，与科学收集数据库集成或链接在一起，且可以公开访问	
	所有主要收集和备份植物均健康，树龄交错分布	
	为所有主要收集植物制定收集管理计划	
	继续遵守植物保护和合法移栽的所有国际公约，并为环境、食品和农村事务部（Defra）和动植物卫生局提供支持，协助执法	
	制定生物安全和植物健康规程有效保障植物收集	
	严格执行植物获取标准，确保从野外获取高质量、数据丰富的物种，防止引入法律禁止的、患病虫害的植物材料或有害杂草	
	为植物选择适宜定植的最佳生长环境，适当考虑未来的气候变化	
	运行树木风险评估管理系统，确保人员和公共安全	
	运用生境不同的多种植物进行专业而深入的园艺培训	
设施	配备新设施，满足活植物收集的长期增长需求	
	对苗圃进行定期检查并进行充分维护	
	制定针对环境和水的政策，确保两个园区的可持续发展	
解说、教育和交流	对公众展示具有重要科学、历史或文化价值的植物	
	所有对游客展示的植物都有解说，使游客了解植物的多样性和价值，形成崇尚科学、园艺和生态文明的社会氛围	
	在学校教育、研究生课程、培训和研究中尽可能多地使用多样性丰富且管养精细的植物	
	开通传统媒体和新媒体渠道，促进公众对活植物的参观、了解和参与	

为取得上述成功，需要重点监控以下指标：
- 活植物收集的多样性（物种总数、植物科和属的数量）；
- IUCN 红色名录物种总数；
- IUCN 红色名录物种（尤其是易危、濒危、极度濒危和野外灭绝等级）的损失数量；
- 与邱园科研项目相关的物种收集数量；
- 科学论文中引用的活植物物种/分类单元的数量；
- 具有解说内容的植物数量；
- 公众参观非公共收集（如后备苗圃）的天数和人数；
- 关注活植物收集中的某些种类或关注活植物收集本身的媒体文章和报道的数量[5]。

以上为邱园最新版本的活植物收集策略概要。它通过提出 5 个关键性问题，即现有收集有哪些、收集重点是什么、如何管理收集、如何提升收集价值，以及成功的收集是什么样等，梳理出目前的状况以指导未来，在牢牢抓住自身特色的同时，涵盖了活植物收集策略应有的要素。

任何策略的制定都是建立在现状基础之上的，因此充分掌握植物园现有的活植物收集与管理情况，诚实地面对和接受现状，是制定有效活植物策略的根本。邱园活植物策略较全面地统计了活植物收集的各个维度的数据，除了常规的登记号、科、种等分类单元数量，还统计了珍稀濒危植物的数量、鉴定到种的植物以及野生来源的植物数量，这些有助于评估活植物收集的质量，也突出了邱园在植物科研、保育领域的特色。这个特色也反映在收集重点上，收集重点充分考虑并结合了邱园的科研发展战略和国际社会对濒危物种的评估，使活植物收集与园内科研和保育工作匹配，促进活植物收集的充分利用，更好地服务于社会和人类。该收集策略对提升植物收集的价值进行了认真的思考，认为解说、教育培训，以及整合园艺、科学和保育是提升邱园活植物价值的重要途径，这充实了活植物收集策略的要素，可以帮助植物园找到自身的特点，充分利用现有收集，并指导长期收集工作。对成功收集的描述为活植物收集评估制定了明确的指标，有效指导了未来的活植物评估。

整个活植物收集策略以邱园庞大的活植物收集优势为基础，凸显了其注重植物科研和保育的特点，制定了明确的评估指标，保证了邱园在几年内的活植物收集按照设定的方向发展，服务于邱园的使命。

1.1.2 美国阿诺德树木园

（1）阿诺德树木园引种历史

阿诺德树木园建园早期通过全球性的探险活动，从自然生境中采集植物和凭证标本，建立了享誉世界的植物收集。1872 年 3 月 29 日，阿诺德树木园发布了首个活植物收集策略，旨在收集一切乔木、灌木和草本植物。而当时的树木园首位园长和植物主管查尔斯·萨金特（Charles S. Sargent）出于研究兴趣，引种了大量的北美和东亚植物，并将收集重点转移至木本植物和观赏植物品种。到 1922 年树木园建园 50 周年之际，收集的植物达到 6000taxa。1946 年，树木园将观赏植物和研究性植物分区种植，前者按景观设计种植，后者按苗圃成排种植，解决了种植面积不足的问题。接下来的 30 年中，树木园培育了大量观赏植物新品种，成为园艺材料的展示场所，植物野外采集活动完全取消。20 世纪 70 年代末，树木园收集重点从观赏植物转向原生植物物种[6]，并将植物信息记录作为评估活植物收集的主要依据。2015 年，在主任威廉·弗里德曼（William Friedman）和植物收集负责人迈克尔·多斯曼（Michael Dosmann）的推动下，阿诺德树木园启动了新的十年引种项目，加强一般性物种和许多优先属或演化支的代表性，获得更大的种群间遗传多样性，并使其成为科学研究和生物多样性保护的宝贵资源。该项目计划重返过去 140 多年里阿诺德树木园采集者采集过的国家和地区进行采集活动，这将对阿诺德树木园活植物收集的特性和价值产生深远影响[7]。

回顾历史，阿诺德树木园自 19 世纪以来组织或支持了对 70 多个国家的 150 多次采集活动。通过专人负责专类物种，或组织特定地区植物联合采集，为树木园积累了最优质的温带木本植物收集，是西方世界同类收集中最重要、最全面的，同时涌现了查尔斯·萨金特、欧内斯特·亨利·威尔逊（Ernest Henry Wilson）、威廉·珀道姆（William Purdom）和约瑟夫·罗克（Joseph Rock）等著名的植物采集者。截至 2019 年 11 月，阿诺德树木园收集了 17105 个登记号、3846taxa 的植物，主要为北美和东亚的木本植物，主要类群有：水青冈属（Fagus）、忍冬属（Lonicera）、木兰属（Magnolia）、苹果属（Malus）、栎属（Quercus）、杜鹃花属（Rhododendron）和丁香属（Syringa）[8]。

阿诺德树木园的引种重点在历史上反复变更，使树木园植物收集发展走了弯路，其历史教训说明引种重点不能随着管理者的喜好而不断更改，不能无视自身特色而不断摇摆，也说明了严格执行活植物收集策略对于保持植物园长期稳定的植物收集和管理的重要性。

（2）阿诺德树木园引种策略

阿诺德树木园最新的活植物收集策略由树木园活植物收集咨询委员会于 2007 年制定，2016 年修改，于 2016 年 3 月 25 日审核通过。

阿诺德树木园认为，制定活植物收集策略可以指导园内活植物收集的发展、管理、提升。活植物收集策略由活植物主管牵头撰写，主要由园艺团队执行，每 5 年审核和修订一次。活植物收集对于阿诺德树木园达成促进对木本植物的理解、鉴赏和保护之使命至关重要。作为植物生物学领域的研究资源，活植物收集正在积极地发展，良好地管理，从而支持科学探索、保育、教育和园艺展示。

活植物收集的范围主要分为三类：核心收集（Core Collections）、历史性和栽培品种的收集（Historic and Priority Cultivar Collections）以及特殊收集（Special Collections）。

核心收集是树木园最重要和优先的收集类群，应选择有明确野外来源记录的植物。核心收集主要包含以下几个类型：

- 植物收集网络（Plant Collections Network，PCN）承诺的属（PCN Genera）：包括槭属（Acer）、山核桃属（Carya）、水青冈属（Fagus）、紫茎属（Stewartia）、丁香属（Syringa）和铁杉属（Tsuga）共 6 个属，最大限度增加物种多样性，每种植物至少包含 3 个野外来源；
- 生长健壮的属（Robust Genera）：包括鹅耳枥属（Carpinus）、连翘属（Forsythia）、

银杏属（*Ginkgo*）、铁木属（*Ostrya*），最大限度增加物种多样性（银杏属增加种内遗传多样性），每种植物至少包含 1 个野外来源；

- 生物地理相关属（Biogeographic Genera）：主要为东亚–北美间断分布、对生物地理学研究具有意义的属，包括山茱萸属（*Cornus*）、金缕梅属（*Hamamelis*）、绣球科（Hydrangeaceae）、北美木兰属（*Magnolia*）、红豆杉属（*Taxus*）、荚蒾属（*Viburnum*）、锦带花属（*Weigela*）、黄锦带属（*Diervilla*），每种植物至少包含 1 个野外来源；
- 珍稀濒危物种：植物保护育中心（Center for Plant Conservation，CPC）收集的物种及其他保护物种，用于研究、保存和教育，尽可能增加种内遗传多样性；
- 系统学代表性类群（Synoptic Collections）：树木园将广泛展示地球温带木本植物，因此应使物种的丰富性最大化，增加属间和种间的多样性。

历史收集为树木园历史上早期收集的植物物种和栽培品种，可能缺乏明确的引种信息，但其见证了树木园发展的重要历史阶段或出自历史上著名的苗圃、植物园或园艺家之手，且可能包含了目前已不存在的基因型，因此具有很高的保育价值。特殊收集包括盆景、展示性植物、区域内自然生长的植物以及科研用植物[9]。

2015 年启动的十年引种项目是现阶段活植物收集策略的落实，两者一脉相承。十年引种项目的目标主要包括 6 个方面：增加分支内的系统学广度、增加分支内的生物学广度、珍稀濒危植物的保护、保存已测序木本物种的活体、收集与北美间断分布的类群、小气候耐寒植物的收集和保育。根据这些目标，树木园制定了一份包含 145 属 385 种、395taxa 的引种清单，包含树木园未引种过的新物种 177taxa（45%）和目前已经有保存的物种 218taxa（55%）。对应活植物收集策略收集重点的类别，分别包含 PCN 承诺的属下 114taxa（29%）、生长健壮的属下 12taxa（3%）、生物地理相关的属下 47taxa（12%）和保护物种 51taxa（13%）。按引种植物的来源，包含东亚植物 225taxa（57%）、中东植物 18taxa（5%）、欧洲植物 17taxa（4%）、北美植物 133taxa（34%）、南美植物 2taxa（1%）。清单涉及的引种重点并不意味着树木园未来十年的物种收集仅仅局限于这些种类。

阿诺德树木园的引种策略采用了比较典型的模式，明确了制定植物收集的目的、涉及的法律和道德问题、收集的访问和使用以及活植物的收集范围等事项，简明扼要。在执行时，需要配合植物养护管理和植物清查等其他管理流程文件进行。阿诺德树木园的引种策略紧密围绕核心收集，突出木本植物特色，强调野外来源记录的重要性，发展东亚–北美间断分布研究的优势，同时积极履行网络协作的收集义务。值得一提的是，在总的引种策略指导下，树木园又做出了十年引种的阶段性计划，引种清单明确到种，可以有效地指导引种实践，提示我们除了引种策略，植物园应继续制定执行层面的计划，将引种分阶段进行。

1.1.3　美国长木花园

（1）长木花园引种历史

1798 年，远在长木花园成立之前，皮尔斯（Peirce）家族就开始在这片土地上种植乔木，这就是长木花园植物收集的开端。当年种植的乔木有很多仍然伫立在长木花园的皮尔斯园里，是花园中最早的栽培植物，一些粗大树木已成为宾夕法尼亚州的树王。1906 年，长木花园建立，园主杜邦先生根据自身爱好，在世界范围内迅速地收集了大量植物，奠定了现今植物收集的雏形。

植物引种的途径之一是野外采集，从 1956 年至今，长木花园一共进行了 60 次采集活动，足迹遍及包括南极洲在内的世界各个大陆，尤其是植物多样性热点地区，如印度、南非、中国和澳大利亚。由采集的植物培育而来的著名园艺植物有新几内亚凤仙（*Impatiens hawkeri*）、［长木情人节］山茶（*Camellia japonica* 'Longwood Valentine'）和［蓝色巨浪］兰香草（*Caryopteris incana* 'Blue Billows'）。除野外采集，长木花园也从海外苗圃、专类植物协会、世界各地的公园植物园、植物育种者和专家处获取栽培植物。

长木花园的活植物收集需要服务于其使命，即"长木花园是皮埃尔·杜邦（Pierre S. du Pont）的活的遗产，用花园设计、园艺、教育和艺术之精湛以飨大众"。目前，长木花园收集植物超过 10000taxa，并在收集策略的基础上发展植物收集，管理现有植物，同时与其他园艺机构分享植物材料。

长木花园的私人花园性质决定了它最早的植物收集始于园主的个人爱好，其花园而非植物园的性质决定了它重点收集全球范围内的观赏植物，植物收集的利用方向是培育植物新品种和园艺展示。长木花园的历代管理者都遵循了这个最初的收集策略，使新品种培育和展示逐渐发展为长木花园的重要特色。

（2）长木花园引种策略

长木花园的活植物收集策略于 2011 年形成，旨在持续发展和管理长木花园的植物收集，促进员工通过恰当的植物获取、管理、展示和分发，达成花园使命。该策略由长木花园的董事会批准，由园长主持执行，由植物主管和植物收集委员会等相关人员每 5 年审核一次。策略涵盖了植物收集的范围和作用。活植物收集的用途有遗产、展示、教育、研究、环境保护、种质保存、植物保护，引种的植物必须符合这七种用途中的一种或多种。长木花园的收集重点（表 1-4）对整体收集和保存园艺传统和遗产至关重要，服务于特定的园艺主题和项目，也服务于皮埃尔·杜邦的使命。收集重点是植物收集中最具代表性的植物，在园区中最常见到的植物。引种策略也对植物材料的访问、获取、专有种质的开发利用、植物记录管理、植物材料的分配和商用、入侵植物等作出了规定。目前该收集策略正在修改，以适应不断发展的活植物收集情况。

序号	收集类别	植物类群	收集原因
1	核心收集	黄杨属（*Buxus*）	早期皮埃尔·杜邦收集，用于意式园林和主喷泉周边，近15年来增加了地中海地区野生种类收集，是全美最大的黄杨属（*Buxus*）收集，可为防治黄杨枯萎病提供抗病植株
2		山茶属（*Camellia*）	早期皮埃尔·杜邦收集，室外种植，冬花。20世纪50年代开始进行品种评估并测试耐寒性，培育三个著名品种［阿伊达］山茶（*C.×williamsii* 'Aida'），［长木百年］山茶（*C. japonica* 'Longwood Centennial'）和［长木情人节］山茶（*C. japonica* 'Longwood Valentine'），该属育种历史最久且仍在进行
3		菊属（*Chrysanthemum*）	主要为日本和中国的杂交和园艺品种，用于制作每年的"千花菊"植物造型
4		杜鹃花属（*Rhododendron*）	皮埃尔·杜邦最钟爱的植物，花色鲜艳，已收集比利时品种、美国原生种
5		兰科（Orchidaceae）	目前的收集超过3000号，全园最大的专类收集，温室常年可见
6		皮尔斯树	1798年至19世纪中期，皮尔斯兄弟在园中种植的乔木，主要为美国原生种
7		王莲属（*Victoria*）	夏季最受瞩目的水生植物，其中著名品种为［长木］王莲（*Victoria* 'Longwood Hybrid'），由知名水生植物专家帕特里克·纳特（Patrick Nutt）在长木花园培育成功
8		睡莲属（*Nymphaea*）	美国植物收集网络认可的最佳睡莲收集，包含知名育种专家培育出的最优秀的热带和耐寒睡莲杂交种
9	其他核心收集	澳洲植物	在温室地中海植物展区，常年可见
10		盆景植物	作为长木花园遗产，常年展出
11		皮埃尔遗产植物	长木花园作为皮埃尔·杜邦私人花园时期的引种植物
12		蕨类	温室用非耐寒蕨类
13		冬青属（*Ilex*）	早期引种植物，长木花园培育的［长木金黄］狭长枸骨（*Ilex × attenuata* 'Longwood Gold'）和［长木］北美枸骨（*Ilex opaca* 'Longwood'）已在园艺苗圃中售卖，也是重要和广泛应用的原生植物
14		丁香属（*Syringa*）	皮埃尔·杜邦喜爱的植物之一，主要是欧丁香（*Syringa vulgaris*）品种
15		木兰属（*Magnolia*）	具有历史意义的植物收集，包含很多北美原生的参天古树
16		栎属（*Quercus*）	主要在室外园区种植展示
17		南非植物	主要种植于温室内的地中海植物区，包含许多重要物种

收集策略还规定了园区自然生长的原生和归化植物也被纳入活植物收集，构成了森林、草地、湿地、田野等植物群落，对园区的生态环境起到重要作用，符合展示、环境保护、教育和研究用途。

长木花园的收集策略使用了经典的模式，涵盖了活植物收集策略应该包含的要素。在收集重点方面，长木花园非常重视历史收集的延续，如黄杨属、山茶属等；重视优势栽培品种类群，如王莲属、睡莲属；重视园艺展示的专类植物，如长木花园著名的秋季展览"千花菊"展中使用的菊属植物、早春兰展中使用的兰科植物。从收集策略可以看出，长木花园突出了自身历史性收集和园艺观赏植物收集的特色和优势，开始关注植物保育，以顺应时代发展和履行公园义务，没有强调目前尚不擅长的植物科研方面。结合长木花园引种历史，我们可以清晰地看到长木花园植物收集策略在巩固特色的同时，作出的适应时代和自身发展的调整。这些调整稳步而恰当，促进了植物收集的发展[10]。

1.2 国内活植物收集概况

中国植物园的植物收集历史短于欧美植物园，但是收集的发展速度非常快，在收集方面比较领先的植物园，收集物种数量往往超过10000taxa。植物园在建园和早期发展时期往往只根据自身的地理位置和气候条件粗略地制定引种方向，而后在植物园的发展和管理中逐渐意识到引种策略对植物收集的重要作用。许多植物园将活植物管理策略视为内部文件，一般不会公开发布。以下列举国内几个植物园的引种和策略制定概况，详见表1-5。

与国际上众多植物园相比，国内植物园在植物收集策略的制定、更新和公布上都存在显著差距。首先从植物园引种数据的公布来看，各植物园在各个平台上公布的数据并不一致，不能做到及时更新，即使是植物园官网上的数据也不能保证是最新数据；一些数据为概数，做不到精确；公布的数据仅为最基础的物种总数、登记号数等，没有更详细的数据，如野生来源植物数量、珍稀濒危植物数量等。这也反映了国内植物园在活植物管理上的欠缺。在不准确的基础数据上作出的植物收集策略在针对性和实际指导性上往往会大打折扣。其次，虽然将活植物收集策略视为植物园的内部资料无可厚非，但若植物园可以公开发布自己的收集策略，一方面可以让社会更了解植物园的使命和价值，另一方面也将引入更多的社会和同行监督，从外界获得更多的支持，客观上也有利于更好地执行收集策略。国内领先的植物园应该率先制定和公布其活植物策略，为其他同行作出示范。最后，国内各植物园还需要在挖掘和发展自身

植物园	引种历史（年）	登记号数（Accession）	物种数（taxa）	是否有引种策略及主要收集方向	特色植物收集
西双版纳热带植物园	61	44000	13500	2018 年版策略，基于保护型植物园的理念，将收集目标设为热带和南亚热带的野外生存受威胁严重的物种、具有重要科研价值的物种、有重要经济价值和潜在经济价值的物种、具有较好观赏价值的物种、符合已建专类园建园收集目标的物种、在生态系统中处于重要地位的种、具有教学或科普价值的种、具有国家或地区或民族文化标签的种，并对引种目标的优先级进行了明确	棕榈、兰花、竹类、藤本、热带水果、耐阴植物、观赏植物、油料植物、药用植物、姜科（Zingiberaceae）、天南星科、龙脑香科（Dipterocarpaceae）、热带针叶树、水生植物等 38 个专类收集
华南植物园	80	32123	14483	立足华南，面向港、澳及东南亚，辐射世界同纬度地区，以收集保护热带、亚热带植物资源为主，兼顾世界同纬度地区重要战略植物资源	木兰、姜、丛生竹，棕榈、兰花、苏铁等 30 多种专类植物收集
南京中山植物园	66	8000	4500	以收集本地区植物为主，相同气候带植物为辅	药用植物和珍稀濒危植物，特别是华东原生种、亚热带中部北部的乔灌木、观赏植物、多肉植物、鸢尾、材用树、油用木本植物等
深圳仙湖植物园	36		12000	以南亚热带地区为主的植物。保护植物、专类植物、观赏植物及栽培品种、园区景观植物	兰科、多肉植物、苏铁科（Cycadaceae）、阴生植物、蕨类、水生植物、木兰属、棕榈科、紫薇属（Lagerstroemia）、竹类、罗汉松科（Podocarpaceae）等

特色上作出更深入的思考，并非全面，而是突出特色和注重质量地收集植物，借鉴国际上优秀植物园的做法，展现后发优势，讲好自己的精彩故事。

1.3　国外活植物管理

植物园已有和即将引种的植物，都将在植物园的苗圃或园区进行管理。经久不衰的植物园定会在活植物的保存和管理上胜人一筹。由于植物先收集后管理，在一个植物园内，活植物收集策略和活植物管理方法必须适应统一，有些植物园将活植物管理的内容直接写在植物收集策略中。因此，我们还将以英国皇家邱园、美国阿诺德树木园和美国长木花园为例，介绍国际植物园在活植物管理中值得我们借鉴的做法。

1.3.1 英国皇家植物园邱园

邱园植物收集的管理可分为数据和记录管理、植物健康和生物安全管理、遵守国际公约、设施保障和制定策略和流程。

（1）数据和记录管理

邱园依靠植物记录来有效运行和工作,《邱园现代记录管理策略》规定了植物记录的范围、目标、工作方法和各方责任,建立了管理框架,保障邱园的植物被充分记录,植物信息有效管理,同时满足法规、运营和信息工作的要求[12]。

基础数据和数据库对于活植物收集的管理和利用至关重要,邱园从1793年6月9日首个账本记录开始,经历了卡片索引记录、大型计算机等阶段,目前使用的是运行在个人电脑上的Sybase数据库,该系统已经储存了超过178000条登记信息,分为5个版块:管理数据、收集数据、栽培数据、分类数据、科学数据。此外,提升数据库的数据质量、集成度、数据访问便利程度、地图可视化等成为邱园未来工作的目标[13]。

高质量管理还包括植物鉴定和标牌的核对。如果收集没有严格管理,可能会导致植物健康状况恶化,植物在没有授粉控制的情况下杂交,由于命名变化未反映在植物记录中导致标牌准确性下降等。邱园通过与分类学家合作和设立园艺分类学家专门岗位,提升收集的鉴定比率,并要求新引种物种鉴定至物种水平。

（2）植物健康和生物安全管理

生物安全是利用知识、预防技术和设备,来减少有意或无意带入环境的潜在生物风险,包括可能对植物健康产生不利影响的生物。邱园的植物健康和生物安全由专门团队负责,该团队经政府许可,进行植物接收和检疫业务,提供生物安全建议、服务,辅助邱园园区和韦克赫斯特园区的园艺学家,以及科学家、政府机构和其他外部机构。

邱园制定有管辖两园区的总体生物安全策略,也针对邱园园区和韦克赫斯特园区制定专属安全策略,规定了植物进口管理、移栽,以及员工、学生和合作伙伴使用和分享生物材料(植物体、DNA、标本或人工制品)的流程。与此同时,包含生物安全的管理流程,如野外采集、植物采购、植物材料注销和共享等,都要进行定期审查,保证与当前的生物安全管理方法相统一。此外,生物安全团队也负责提供培训,向政策制定者、园艺专家、研究人员、学生和公众普及英国和国际植物健康检疫法规,传授理论和经验;提供与生物安全知识相关的新员工入职培训;为邱园的园艺学校提供以"生物安全、植物健康与法律"为主题的课程。

（3）遵守国际公约

《濒危野生动植物种国际贸易公约》（CITES）是一项国际公约，促进各国保护动物和植物野生种群免于遭受由于野生物种贸易导致的过度开发。邱园是英国 CITES 植物科学主管机构，负责向政府提供 CITES 植物进出口许可的官方建议，帮助确保野生物种以可持续方式合法采集。

邱园通过提供培训、制定政策和流程，确保所有工作人员遵守国内和国际法律法规的规定，同时保证所有植物材料合法收集、使用和共享。邱园的 CITES 和园艺团队协助鉴定海关缴获的植物材料，向相关政府机构提供建议，打击野生植物非法贸易。根据《生物多样性公约》及其《名古屋议定书》，遗传资源利用所产生的利益需要与植物来源国进行公平和公正的共享。邱园认真履行这些义务，在确保所有植物材料合法采集并妥善保存在邱园的同时，附带记录详细说明了可以使用该植物材料的条款和条件。邱园还使用"访问和利益共享协议""合作备忘录"明确义务，规定植物材料和数据交换、使用和提供的条件，支持重要的保育合作。

（4）设施保障

栽培设施是维持植物收集的保障。邱园在两个园区上建设了多个不同的栽培设施，如展览温室、生产温室或塑料大棚，为不同科属的植物提供生长和繁殖所需的环境。栽培设施一般在温度、湿度、通风和光线等方面可调可控。

（5）策略和流程

邱园围绕活植物收集制定了一系列策略和流程，包括植物材料获取标准、新引种植物的定植方法、演替种植、树木风险评估管理系统、可持续发展、植物分发或移除策略等[3]。

邱园的活植物管理突出体现在对植物信息、生物安全的管理和遵守国际法规上。邱园从建园伊始就非常重视植物信息的收集和管理，久远的历史中积累了庞大的数据；现阶段尤其重视数据的质量提升和数据库的持续改进，寻找更高效便捷的方法管理植物数据。邱园有专业的生物安全团队、专属的生物安全策略和受众广泛的生物安全培训。邱园还参与国际公约和法规的制定，为政府提供相关建议，提供法规培训。邱园的活植物管理已经超出了园区的范围，参与到政府决策和国际法规制定中，体现了植物园的专业性、权威性，在国内和国际事务中发挥着重要的影响力。从邱园的管理经验中可以看出，植物园内成熟成功的管理方法可以推广至同行业、地方、国家，甚至国际社会，管理方式的推广可以极大促进植物园的地位和社会影响力，可以成为植物园对社会和人类的重要贡献。

1.3.2　美国阿诺德树木园

阿诺德树木园被誉为"哈佛树木博物馆"，它的活植物收集是世界上同类收集中记录最全面、最详尽的。为保证其"展品"——活植物收集的长期展示，树木园制定了一系列管理制度。《活植物收集策略》规定了植物获取、销毁、档案记录、植物养护等事项，统筹指导活植物管理工作。《活植物管理流程》涉及植物记录、命名、定位、实地清查、植物铭牌等，经过不断改进，已经成为同行效仿的模式。《野外采集工具包》汇集了植物采集者的知识和经验，也包含了成功的野外采集所需的参考资源。景观和收集养护由多位园艺专家按照《景观管理规划》执行。植物繁殖和分发系统保证了新引种植物在园中成功定植，同时植物材料也可以分享给其他植物园和园艺机构。

（1）植物管理流程

在信息记录方面，采用 BG-BASE 数据库详细记录植物的采集地、采集日期、植物学名和异名、植物规格、数量、定植位置、有无凭证标本或照片等，记录的数据也包括植物生长表现、观赏特征、生长率和成活率、耐寒性、特殊繁殖技术、植物学描述、学名修订等，此外，还可以记录自然灾害受损情况、病虫害抗性或实验数据。对活植物收集的观察和评估方法由《植物清查操作手册》进行指导。在植物命名、校对和修订方面，采集制作植物的凭证标本存放在栽培植物标本馆中，将登记植物进行鉴定和学名校对，一些植物用于科学研究时被再次鉴定和校对名称；在植物铭牌方面，采用压纹铝合金个体牌，提供个体登记号、科名、学名、繁殖方法、产地、俗名、园区地块号等信息，展示铭牌有挂牌和插牌两种，提供登记号、引种年份、产地、科名、俗名、学名等信息。植物定位采用 ESRI 电脑系统配合移动 GIS 软件应用，可以管理、分析、查询、展示地理信息，使用 Trimble Nomad 手持设备，配合 Trimble GPS Pathfinder ProXRT 接收仪定位室外植物，误差在 10cm 以内。在树木园的底图上将园区分成 70 个网格，每个网格再分为 4 个小区域；花坛和建筑物则用所在专类园和指定名称命名，帮助科研人员和游客找到目标植物。植物的地块号可以通过树木园的植物查询系统、发行的地图和植物展示牌获得[14]。

（2）野外采集工作方法

野外采集工作方法包含了采集前的准备：选择采集地点；收集数据资料；计划时间节点；细化目标类群；收集采集位置、分类群和采集时间资料；组队；出发前的动员和应急预案制定；确定采集日程表；取得采集许可、访问许可和植物材料迁移许可；熟悉目标植物的相关知识；准备做好计划外采集；制定种子、幼苗、插条和接穗等繁殖体的采集策略；准备必需物资；确定资金和出行安排；出国采集的主要事项等。采集执行中：出发首日人员集合检查补给；情境感知，了解采集地的自然环境、文化习惯和宗教氛围；通过搜寻、决策、采集和确认四步完成一份植物样本的采集活动，采集的过程中需要完成手写记录、拍照记录和植物材料获取，确认核查记录是否完整准确、植物材料是否标记并装好，也包括随身物品和人员是否安好；借助当地专家、向导或居民的力量；利用晚间整理植物材料、录入采集信息，下载当地地图，核查采集物资，保持团队充足休息和良好心态；与树木园保持持续沟通；将采集材料带回树木园；感谢合作者并保持联系。采集之后需要做：与生产温室和活植物管理工作人员合作，尽快处理植物材料、标本和照片，登记植物信息等，归还采集许可、地图、采集工具物资，补充缺损物资；财务报销；利用 blog 或主题网站记录采集过程；撰写采集报告；提供采集相关更多信息，如当地人联系方式、采集地土壤类型、植物命名等；向活植物管理部门提出建议，优化未来的采集活动。

（3）景观和收集养护

阿诺德树木园既是活植物博物馆也是花园，因此既需要管理好活植物收集也要维护好优美的景观。新引种植物通过计划、繁殖、定植和养护成为树木园永久植物收集的一员，需要细心选址、定期修剪、保持土壤健康。这些工作由园艺团队完成。园艺团队负责植物种植和移栽、草坪养护、病虫害监控、喷施农药和实施生物防治、修剪、浇水、施肥和土壤补充剂、移除死亡植物和入侵植物、更换花坛、树穴覆盖、清除垃圾、扫雪、维护设备等。根据《景观管理规划》，树木园按照位置、环境特征和植物被分为 71 个小区域，每位园艺师负责若干个小区域，因此，每位园艺师都有专长，促进了养护水平的提升。

（4）繁殖和分发

所有新引种的植物都在生产温室种植或繁殖。平均每年有 200 多个登记号的植物种子在这里萌发成苗，也支持扦插和嫁接繁殖。当保存的植物受到年龄、自然灾害或病虫害的影响时，生产温室也会繁殖替代植物。从种子或繁殖体而来的植物一般在生产温室生长 5～7 年。这期间，需要进行耐寒性和活力观察，并记录在 BG-BASE 中。经过严格的评估，适当大小的植物才能以盆栽、裸根或带土球的方式移植到园区。生产温室也为研究人员、苗圃、机构和个人提供植物分发服务。

阿诺德树木园围绕活植物管理工作的方方面面都有成文的政策规定。这些规定保证了树木园高质量地保存和管理活植物信息。这些规定的文本全面、详尽、对公众公开，因此可直接为同行所借鉴。树木园的活植物数据库也对公众开放，游客可在其官网上查询植物信息和位置，增加了游客访问的便利度。信息和资料公开使阿诺德树木园更好地梳理自身的管理体系，更便捷地输出自身的价值和影响力。

1.3.3 美国长木花园

（1）引种管理

植物收集途径包括购买、捐赠和野外采集。植物只有满足遗产、展示、教育、研究、环境保护、种质保存、植物保护七个用途中的一种或多种用途才可以引种。所有植物的引种目的必须在植物登记前完成。所有入园植物都要接受植物健康检查。活植物收集中的植物获取必须遵守国际、国家和地区的相关法律法规，如《生物多样性公约》（Convention on Biological Diversity）、美国农业部动植物卫生检验局（APHIS）植物进口要求、《濒危物种国际贸易公约》（CITIES）等。长木花园为其员工提供相关法规培训并每年更新适用的法律法规。需要遵守《生物多样性公约》的植物材料获取前，花园会和植物提供者签订《植物移交协议》，而且花园通常只从遵守法律法规、具有资质的固定供苗方处获取植物。

（2）植物记录管理

长木花园持续对所有收集的植物进行全面记录，制定了植物记录流程，植物信息由全体员工记录和使用，植物主管监管植物记录系统，植物记录管理员负责该系统的运行。2011年制定了植物记录工作指南[15]。

长木花园应用 BG-BASE 软件进行活植物的采集保存、繁殖、参考书目、图片编录、植物分布、自然保护、DNA 序列、科普教育等相关主题的档案资料管理[16]。长木花园的植物信息录入工作流程被总结为 SNAP method + TM，即记录植物来源（Source）、植物名称（Names）、授予登记号（Accessions）、植物个体信息（Plants）、制作植物标牌（Tag）以及植物定位（Mapping）。其中在 BG-BASE 中输入的信息包括植物学名、俗名、科属名、登记号、来源地、引种时间、引种人、个体号、栽培地、清查信息、植物生长状态等。植物标牌分为展览标牌、临时标牌、登记号牌：展览标牌是向游客介绍植物名称的标牌，使用感光铝制标牌，由外包公司制作，美观、使用寿命长，成本较高，暂时不用的展览标牌一般回收保存，以备今后使用，通常提供植物俗名、学名、原产地、科俗名等信息；临时标牌用照片纸打印，制作快速，节约成本，但只能使用一个展览季，适用于季节性展出的植物，展示植物俗名和学名；登记号牌供公园内部管理之用，由黄铜制作，使用寿命长，由植物信息管理员使用 ME 2000 金属铭牌打印机快速制作，成本较高，适用于所有引种植物，包含个体号、种学名、科学名、原产地信息。植物定位采用的是基于 AutoCAD 的 BG-MAP 软件，将室外木本植物展示园区以 18.6m² 的方形区块为基本单位划分成网格进行管理，室外草本展示区以种植床为基本单位进行管理，温室植物则以温室的最小隔间为基本单位进行管理（图 1-1）。植物定位使用与基站配合的 GPS 数据采集器记录植物的 GPS

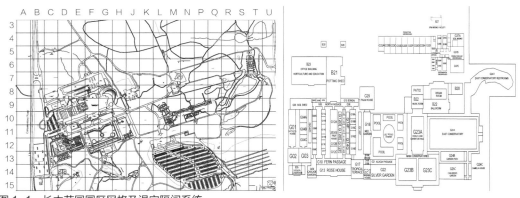

图 1-1　长木花园园区网格及温室隔间系统

坐标，坐标的名称输入为该株植物的个体号，BG-MAP 使导入的 GPS 坐标自动对应到植物园 CAD 底图上，坐标点的名字就是植物的个体号。植物拍照由园区聘请的摄影师、植物信息管理员、实习生或志愿者共同完成，储存在 BG-BASE 图片库中。物候记录、植物核查使用 ipad 终端，可以由实习生或志愿者轻松完成。物候记录主要记录花期，用于预测花期以辅助园艺展览和宣传。数据库中的数据与长木花园官网 Plant Explorer 相关联，游客可以查询长木花园的植物名称、位置和照片。植物信息的变动由员工上报，使用员工版 Plant Explorer 完成，变动包括植物移植、死亡、失踪、移除，以及植物名称的变化等。植物信息管理员每月撰写植物信息报告，内容包括该月份新的引种植物、学名变化、植物移植和生长状态改变；每季度编辑现有活植物的名录，包含学名、登记号、俗名、科名、来源、原生地和种植位置等信息，提交至园长和园艺相关负责人[14]。

（3）创新种质管理

在长木花园培育和筛选出的植物新品种，其新品种权属于长木花园。植物记录系统中关于这些新品种的信息只对员工开放。新品种命名由花园统一命名，鼓励通过申请美国植物专利或植物育种者权利保护新品种知识产权。

（4）植物分发与注销

长木花园将植物分发作为在园艺行业发挥作用的重要方面。分发植物材料时要充分考虑到《生物多样性公约》、协议和专利等限制。植物繁殖材料是免费提供的，但需要根据不同的情况与接收方签定《植物材料移交协议》《植物分发协议》和《植物试验协议》。死亡植物或不再满足任何引种用途的活植物都要被注销，注销的植物可以用于分发，分发受限的植物将被销毁。

（5）入侵植物管理

长木花园尽已所能消除或减少园区和周边区域的外来入侵植物。外来入侵植物指扩散到自然区域并已建立可繁殖种群的非大西洋中部地区原生植物。确认入侵的植物要从引种收集中清除或控制数量，进行风险评估和审查。

长木花园的植物信息管理采用了经典的 BG-BASE 软件，该软件从 1985 年至今，广泛应用于植物园、树木园、动物园、博物馆、图书馆等，目前覆盖了全球 25 个国家和地区、150 多个站点。欧美很多植物园、树木园和苗圃都使用 BG-BASE 软件管理植物，因此长木花园活植物信息的管理方法颇具代表性。但随着互联网技术的发展，有的植物园不满足于 BG-BASE 软件的限制，开始开发自己的管理系统，邱园、阿诺德树木园，以及美国密苏里植物园、芝加哥植物园等都在使用各自自主开发的管理系统。长木花园从自身特色出发，在常规的植物管理基础上，强调了对创新种质的管理，涉及植物获取、新品种培育、植物材料分发和销毁过程中应遵守的法律法规和园内规定，这些规定保证了长木花园保持和发扬其园艺植物栽培和展示的传统特色。

1.4 国内活植物管理

1.4.1 中国科学院西双版纳热带植物园

（1）植物科学信息收集和管理

中国科学院西双版纳热带植物园自 1959 年建园之始就开始了植物信息的记录工作，坚持的理念是：持续记录物种正确的信息同保存此物种同样重要。植物收集时必须记录来源、野外名称、材料类型、采集类型（野外采集和非野外采集）、遗传情况说明（采自单株或多株）、采集人信息、植物材料编号、采集日期、采集地点、GPS 信息、生境、伴生植物、材料描述、照片。入园登记时分配引种号、登记植物信息。园区展示的引种植物每两年清查一次，植物清查记录植物数量、生长状况、栽培地点、有无生活史（开花、结果、种子等）、生活型等信息。此外，有独立于专类园管理的清查和核查制度，用以评估园区信息管理的质量。每两年更新一次园区植物名录，每年 2 月底前发布"中国科学院西双版纳热带植物园种子交换名录"，通过植物引种与保育数据库（http://sdb.xtbg.ac.cn）对外发布植物引种与保育信息。注重使用先进的数据获取技术和工具记录植物信息，已经从 1959 年开始使用的植物登记卡片，经过 1995 年的电子表格记录、1996 年的微机管理系统，到 2003 年的 HortBase 数据库、2005 年的

SQL 数据库等逐步更新换代，植物信息记录的效率大幅提升。注重信息的安全性，标本、植物科研材料、纸质材料要按要求储存、核查和回访；对纸质档案进行电子化；已经电子化的植物信息备份 2 个或以上，分开存储，每 6 个月检查一次；制定"植物科学信息管理查询办法"指导信息查询事宜。植物鉴定和名称核定主要依据《中国植物志》（英文版）（*Flora of China*）和 Tropicos 网站，并借助标本馆、来访专家或专类专家协助。使用引种号牌和科普介绍牌两类植物标牌：引种号牌用于连接植物个体与信息记录，主要为引种号，根据需求附植物学名或中文名等；科普介绍牌用于向公众普及植物知识，一般采用白底铝塑板材料，红色代表珍稀濒危保护植物，蓝色代表一般引种植物，内容有引种号、中文名、学名、科名、产地、用途等信息。

（2）园林景观与专类园管理

西双版纳热带植物园的建园理念是建设包含多样的植物种类、丰富的科学内涵、优美的园林景观、显著的地方特色的保护型和群落建园的植物园，特别重视生物多样性的综合保护。专类园以收集保存符合收集目标的野生来源植物为第一要务，限制园艺品种占比。专类园物种收集代表性常按分类群代表性、地理来源代表性、生活型代表性和使用功能代表性等原则进行划分。对研究性收集、保护性收集、本土植物收集和具有历史意义的植物和景观给予特别关注和管理。

（3）植物收集、使用、转移原则

引种方式一般包括野外考察采集、植物园或相关机构之间种子交换、市场购买等。西双版纳热带植物园活植物收集遵守《生物多样性公约》、"全球植物保护战略"（GSPC）、《国际植物保护公约》和国家战略层面上的"中国生物多样性保护战略与行动计划""中国植物保护战略"。在植物获取、运输和使用过程中遵循《濒危野生动植物国际贸易公约》，以及相关国家或地区的有关植物检疫、采集、交换等法规。

（4）种号清除制度

种号清除是指停止植物信息在园区跟踪管理的过程，在植物死亡、不再符合收集目标、引种号丢失、确定为入侵植物等情况下执行。清除种号的植物可以捐献给有需要的机构或社区。

（5）引种植物收集保护成效评估

收集保护成效评估是对活植物收集策略的检验，通过评估可以找到收集和管理与预定目标之间的差距，衡量工作中所取得的成绩和不足，提醒收集管理部门和专类园管理者应该注意哪些问题、及时调整工作方向等，是新工作方案制定的依据。量化的指标包括：活植物登录数、保存物种数量（科、属、种）及与目标的差距、野外来源物种占比及与目标的差距、有效保存珍稀濒危物种，或特定保存目标物种数、本地区特有物种保存占例、保护性收集的代表性指标（总居群数/种数）。

中国科学院西双版纳热带植物园高度重视植物信息的记录，认为信息记录的重要性等同于植物活体的保存，因此保存有丰富详尽的植物资料，并完成了纸质资料的电子化，使用自主开发的数据管理系统。重视野生来源植物，限制园艺植物的引种和使用。引种评估一直是国内植物园管理的薄弱环节，西双版纳热带植物园对引种评估做出了详尽的规定，在国内处于领先地位。总体来看，西双版纳热带植物园有着比较完善的活植物管理体系，引种植物主要用于科研和保育，体现了建设保护型植物园和群落建园的理念。

1.4.2　仙湖植物园

（1）植物的档案管理

植物档案管理工作包括植物信息记录、汇总、整理、管理和共享，植物标牌的设置和维护，以及植物的监控和跟踪。植物信息的记录主要由引种责任人负责，即"谁引种，谁记录"，由引种责任人对所引种植物的原产地、生活环境、植物性状等信息进行详细的记录并提交到"仙湖植物园活植物管理系统"。植物信息的汇总、整理、管理和发布由植物园专门建立的植物档案管理组负责，汇总后的植物信息需要进行标准化整理、按照规定的系统分类排列、备份和发布。植物标牌由植物档案管理组统一打印，植物注销后其标牌应该交回做注销登记。引种植物的观测包括存活情况、适应性、生长情况及物候记录。对物候记录对象进行筛选，在一个记录周期（通常为两年）之后更换记录对象，最终达到涵盖大部分物种的目的。

（2）活植物的栽培管理

引种活植物一般进入植物园的隔离苗圃进行播种、育苗，不得直接进入植物园对外开放的各个专类园，以免发生病虫害传播和植物入侵。植物园活植物繁殖为物种保育、科学研究、物种交换和苗木应用提供足够的植物个体。由于植物园具有很高的物种密度，在自然分布中有地理隔离的近缘种也在植物园中汇集，故除了有计划、有监管的授粉和采种外，活植物的繁殖宜采用无性的方式，即扦插、分株、压条、组织培养和无性芽孢繁殖，以保证种源的纯净，未经人工授粉和记录的果实也应该及时处理掉。无性繁殖的植株给予新的登记号，并在物种登记表的繁殖信息中填写相应的记录信息以便追溯。因科学研究及苗木应用而大量繁殖的植株在相应的课题研究完成后应及时评估并决定处理方式，以便为新引种的植物留出空间。苗木出圃均需要填写苗木出圃单，记录出苗时间和移栽地点等信息。

（3）引种植物的评价

在引种前对所引种的植物种类及类群进行评价，以保证收集的种类符合植物园的整体规划，植物在引回植物园后也应定期进行相关评价。目前植物园对引种植物的评价从物种保育、科学研究、空间和人力资源、科普教育、园林园艺五个方面进行。

（4）植物的注销

当植物死亡，不需要在植物园中保留或不需要再对其进行跟踪登记时，就可注销这株植物所对应的引种号。注销时需填写植物注销登记表，并将这株植物所对应的引种号牌回收归档。注销的引种号不可再使用，以免产生混乱。对于死亡的植株，注销引种号时应详细记录其死亡的原因，以便作为今后引种此类植物的参考资料。植物被注销后，其所对应的引种号及相关信息均保留在仙湖植物园植物档案中，以便查阅。

仙湖植物园使用专业的植物信息管理软件"仙湖植物园活植物管理系统"来记录和保存植物信息，设立了植物档案管理的工作岗位，由专人负责植物信息的汇总和管理。这一方面体现了仙湖植物园对植物信息管理的重视，另一方面由于使用了网上数据库进行系统管理，大大有利于植物信息的实时共享。仙湖植物园也重视引种植物在园区的种植表现和物候观察，对引种植物的栽培和繁殖作出了详尽规定。物候观察欲覆盖大部分物种，这导致每个物种观察年限较短，不利于长期物候数据的积累。植物园有意识地对引种植物进行评价，给出了评价应考虑的五个方面，是一种定性评价，距离定量评价（评估）还有一定差距。总体来看，仙湖植物园高度重视植物信息的记录和管理，建立了专门的活植物管理系统，有一套管理方法，具有自身的特色。

1.5　启示

1.5.1　制定活植物收集策略

（1）制定活植物收集策略的重要性

活植物收集策略是植物园最重要的策略性文件。编制活植物收集策略的目的就是指导收集的发展和评估，使收集服务于植物园的愿景和使命。没有这份文件，植物收集很容易偏离它原有的设定和功能。

并不是所有植物园都有活植物收集策略，根据一份全球植物园调查报告，172家植物园中，高达61%的植物园没有正规书面的策略来指导植物收集管理工作[17]。有的植物园为了追求物种数量，随机收集，没有章法。虽然物种数上去了，但给后续管理带来很大的压力，其中不乏野生植物和珍稀濒危植物，这些物种常常由于缺乏使用计划而被束之高阁或损失掉，之前"高效"的采集和后续的管理全部废弃，这种事情目前在国内的植物园多有发生，到头来也损害了植物多样性[18]。同时，盲目采集也使收集缺失特色和重点，时间一长，收集就变得混乱，变成一件可有可无的事情，那么植物园最核心的工作就失去意义，植物园可能会逐步退化为一般性公园，这是我们应极力避免的。

一份清晰、长远、准确的书面收集策略，是一个植物园发展的起点亦是终点，始终要高度重视，作为植物园最重要的工作来抓，一旦松懈，再抓起来难度就非常大了。具体来说，活植物收集策略通过制定总体原则和指导规范，确保植物收集的发展与管理按计划有序进行；确定收集重点，合理利用资源；增强收集和管理的稳定性，不受到人员轮换的影响；增强高效性，所有员工依据策略工作，无需不断请示上级；策略包括收集评估标准，有利于复盘、改进和新的发展。

（2）制定活植物收集策略的要素

活植物收集策略通常建立一套管理方案，规定制定策略的责任人和后续的管理流程。活植物收集策略通常包含：收集任务、收集范围（保育优先级、入侵物种管理等）、植物获取和记录标准、植物移除标准、访问、知识产权和伦理道德、评估等。收集策略应该与植物园的保护、研究、利用等工作整合后，有针对性地制定，确保收集能落实。

植物园根据自身特定的背景和历史拟定以上内容，并定期回顾，以矫正收集方向，适应不断变化的外部世界。

活植物收集策略是一份纲要性的文件，需要各个具体的管理方法和流程来支撑。植物获取方法、数据库管理方法、命名标准以及植物养护等相关管理流程建议单独成文，放在流程手册中，并链接到活植物收集策略中。

（3）收集范围和收集重点

活植物收集范围是每个植物园的文化传统，根据各自的使命和传统定义植物收集，常见的类型有专题收集、分类收集、保育收集、科研收集等，园艺展示功能强的植物园通常还有周期展示收集和试验植物收集等。每个登记植物可以归属于多个收集类型。世界上没有任何一个植物园可以收集到全部类群的植物，植物园收集范围的差异和特色促进了植物园间合作网络的产生。

考虑到植物园的规模、团队能力，以及引种植物收集管理的成本消耗，植物园应确立收集重点，而非面面俱到。收集重点应是植物园各项工作中重点使用到的植物，不管是保护、研究、利用，还是科普和公众欣赏，都能直接或间接反映活植物的价值。活植物收集的价值大小可以通过全面而权威的评估来确定，再按照价值大小进行重要性排序，这就确定了新一轮植物收集的优先级，而不是齐头并进的收集。

（4）收集评估的重要性和方法

活植物收集评估是植物管理最重要的工作之一，但在多数植物园中常常被忽略。活植物评估不同于活植物管理的日常工作，如清查、鉴定和核对、定位和植物风险评估等，它更注重策略机制，判断活植物收集的价值。通常当植物园有收集策略时，评估才更有效。收集策略包含活植物收集发展和管理准则（表1-6），提供了评估的基础。评估结果用于评价、设定目标、订立标准、聚焦资源、为植物园的价值和生存发展纠偏。

理想活植物收集的特点[19] 表1-6

序号	项目	内容
1	收集策略和发展规划	目标清晰，认识统一
2	多样性	分类群和代表性种质的覆盖度高
3	专业深度	包括与其他机构建立合作，避免重复工作
4	翔实的记录	不只是登记号和养护记录，还包括科研和科普资料
5	养护	茂盛健康的植物
6	核对	不断进行审核，确保植物材料正确命名
7	野生来源植物	植物来自已知的野生种群、苗圃或其他认可的来源
8	保育价值	为生态效益而收集管理植物个体和种群
9	专家员工	独家获得和传播某类植物知识
10	公众访问	易于访问的植物收集，专家广泛分享植物知识
11	本土或国际植物采集	获得目标类群
12	相关性	信息、专业知识和收集，可以满足不同受众的需求

评估时，可以根据以上逐条进行定性或定量的对照，也可重点根据某一条或几条进行定量深入的评估。现有的评估方法有保育和研究价值评估、成本收益评估、收集质量评估、分类群评估和分类群漏洞评估等，最简单有效的是考察活植物收集的活跃度，即在植物园各项工作中哪些是经常提到的，哪些是偶尔提到的，哪些是从未提到的。植物超过 10 年没有信息更新，引种价值就大打折扣。

（5）制定活植物收集策略应思考的其他问题

植物园的收集策略会涉及策略审核和修订的时间周期，多数植物园的习惯是每5年进行一次审核和修订。但是收集是一个植物园长远发展的基石，故一定要有一个长远的收集目标，不宜朝令夕改。因此收集策略应基于建设百年植物园的战略高度和未来十年发展预判的基础之上。

制定收集策略也应充分考虑植物园的发展阶段。植物园发展是一个渐进过程，植物收集应与植物园在一定时期的发展需求和重点关注的内容相一致。如植物园发展早期对植物收集需求量大，工作重心应放在植物收集上，注重收集特色的建立。植物园走上正轨，进入稳定发展期后，应调整战略，注重活植物收集的效能，工作重心是管理，只有高质量的管理，才能赋予植物收集更高的价值。

制定收集策略最重要的是要契合国家战略、地方需求，充分挖掘植物资源为人类环境、生态、食物、健康服务。如从目前和今后的趋势看，多数人达到温饱之后，出现营养过剩，加上缺乏锻炼，导致代谢综合症，出现多种慢性病，如血糖高、血脂高、尿酸高等病症，可以考虑用食疗来解决。这需要大量有针对性的食物，且植物中有大量的天然化合物，在了解其代谢路径后，找到关键基因及相关的调控因子，对植物进行改良，快速提高其内含物的含量，不仅可以作为更有效的食物，更可以作药物开发，具有极大价值。在以上海为代表的超大城市中，增加绿化面积、修复生态环境是地方政府和社会关心的问题，植物园可以研究植物的观赏价值、植物的生态修复价值等，先筛选再改良，提升植物单位价值，培育出满足需求的新品种。

1.5.2　活植物管理

（1）突出重点植物

理论上凡是收集到植物园的植物都应被很好的照顾和记录。但事实上，植物养护和记录的工作量巨大，植物园不可能有足够的资源，也不可能将资源平均投入到每一株植物的管理上，因此针对收集重点进行收集和记录信息是最现实和最经济的做法。

（2）注重程序管理

程序可以保证收集和记录信息的可靠性和完整性。制定管理流程是对活植物收集策略的补充，也是植物园员工在相关工作中的工作指南。只有严格按照程序的相关要求，才能收集到合格和有价值的数据来支持科研和发挥活植物收集的价值。除了制定程序，对员工进行程序制度的培训也是落实程序管理的重要步骤。

（3）持续记录数据

植物记录是构成植物园基本要素的关键之一，是实现植物园保护、科研、科普、游憩、开发 5 大功能的基础[20]。记录数据的持续性和连续性是非常关键的，间断的数据价值会大打折扣，但是坚持又是一件难事。只有建立有效的数据收集机制，才能确保数据的完整性和连续性。这就需要在设计数据收集流程时，充分考虑采集信息者的感受，使用先进的技术手段降低工作强度。比起早期植物园使用的手抄卡片，现在使用的 APP 录入系统就简单便捷得多。另外，数据记录的组织形式也影响记录的可持续性。在便捷的设备辅助下，植物记录工作的一部分可以依靠志愿者甚至公众来完成。

从植物收集和管理延伸开去，每个植物园在建立了具有自身特色的活植物库、标本库后，形成了基于收集的连续的数据库。把各植物园的数据库进行开放整合，就可以集成一个庞大而强大的数据库，这样的数据库才能达到一定的高度，真正具有支撑国家战略的价值。

（4）人才队伍建设

野生植物的引种栽培管理不同于成熟品种，它们来自不同地理区域、不同海拔、不同生境，具有不同生物学特性的植物对栽培和环境要求不尽相同，因此对收集和管理团队提出了较高的要求。

收集阶段要求团队具有良好的植物识别功底，至少在野外能够认到属。此外，还要有丰富的野外经验，知道地理环境和植被类型的关系，熟悉采集流程，有强健的身体，能迎接野外作业时出现的各种挑战。还要足够心细，能把标本和种子耐心地整理和保存。这些都是基本功，是保障野外植物收集成功的基础。

在苗圃繁殖阶段，团队最好具有繁殖生物学背景，熟悉繁殖技术，不管用什么繁殖体，如种子、插条还有接穗，都能保证成活，这是基本技能，同时还要详细记录发芽率、扦插和嫁接的成活率等，也要记录生长速度等其他信息。

在植物入园定植后，团队主要记录植物生长状况、物候情况，必要时连续采集重点植物的标本，这些数据不断充实由采集开始建立起的数据库。这个工作看似日常，但要求工作人员细心、耐心，具有植物学基本素养。区别于简单收集数据，这项工作要求从日常数据挖掘问题，对数据进行分析归纳，从而提炼出规律，体现工作价值，故对植物收集和管理团队的要求是比较高的，非一般工作人员能够胜任。

综上，收集和管理成功的关键是有专业而稳定的团队。团队成员应参与野外调查和养护管理的整个过程，通过长期的工作经验积累，才能有效地保障引种植物的正常生长和繁殖。同时还需要与相关的科研团队密切配合，有针对性地进行研究材料的采集、栽培和繁殖，满足科研需要。

小结

从整体看，活植物收集与管理是一个植物园的基础，体现一个单位的整体水平和核心竞争力，一个植物园有长远清晰的收集策略及一个与之相匹配的收集和管理团队，植物收集具有特色并依据收集建立了完整、连续的数据库，这个植物园才真正称得上植物园，才能称得上具有一定实力的植物园，这是评判一个植物园综合实力最基本的标准。

参考文献

［1］刘巍. 邱园：大英帝国"光荣之路"上的植物采集者［J］. 自然科学博物馆研究，2019，4（03）：86-90+97.

［2］黄卫昌，张雪. 世界著名植物园之旅——英国皇家植物园邱园［J］. 园林，2004（01）：12-13.

［3］Ray Desmond. The History of the Royal Botanic Gardens Kew[M]. Edinburgh: Royal Botanic Gardens Edinburgh, 2007.

［4］魏亚光. 英国皇家植物邱园在殖民扩张中所起的作用［J］. 红河学院学报，2014，12（03）：67-70.

［5］Smith, R. J., Barley, R. (eds). Living Collections Strategy 2019[R]. Royal Botanic Gardens, Kew, 2019.

［6］Spongberg, S. A. The Collections Policy of the Arnold Arboretum: Taxa of Infraspecific Rank, and Cultivars[J]. Arnoldia. 1979, 39 (06): 370-376.

［7］郗厚诚. 阿诺德树木园学习报告［R/OL］.［2019-05-06］. https://www.cubg.cn/training/talent/2019-05-06/2564.html.

［8］阿诺德树木园网站 https://arboretum.harvard.edu/.

［9］Friedman, W. E., Dosmann, M. S., Boland, T. M., Boufford, D. E., Donoghue, M. J., Gapinski, A., Hufford, L., Meyer, P. W., Pfister, D. H. Developing an exemplary collection: A vision for the next century at the Arnold Arboretum of Harvard University[J]. Arnoldia, 2016, 73 (03): 2-18.

［10］长木花园网站 https://longwoodgardens.org/.

［11］BGCI 网站 https://www.bgci.org/.

［12］Royal Botanic Gardens Kew, Modern Records Management Policy V2.0, 2017.

［13］https://www.kew.org/data/lcd.html.

[14]黄姝博. 美国六个植物园植物信息管理介绍［J］. 现代园林，2016，13（05）：387-394.

[15]Longwood Gardens, Longwood Gardens Plant Records Procedures Manual Draft, 2011.

[16]唐宇丹，麦克·奥尼尔，韩艺，冯桂强，崔洪霞. 植物园基础数据应用软件BG-BASE简介［C］. 中国植物学会植物园分会编辑委员会. 中国植物园. 北京：中国植物学会，2002：9.

[17]Gratzfeld, J. (Ed.). From Idea to Realisation – BGCI's Manual on Planning, Developing and Managing Botanic Gardens[M]. Richmond: Botanic Gardens Conservation International, 2016.

[18]洪德元. "三个'哪些'：植物园的使命"的补充发言［J］. 生物多样性，2017，25（09）：917-917.

[19]Rakow, D. A., and S. A. Lee. Public Garden Management[M]. John Wiley & Sons, Inc., Hoboken, New Jersey, 2011: 259.

[20]贺善安等. 植物园学［M］. 北京：中国农业出版社，2005.

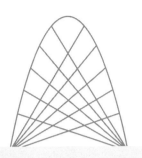

第 2 章
辰山植物园活植物
收集历史及策略
制定

2.1 辰山植物园的整体情况介绍

辰山植物园（以下简称辰山）位于上海松江区佘山国家旅游度假区内，是集科研、科普和观赏游览于一体的综合性植物园，由上海市人民政府、中国科学院和国家林草局（原国家林业局）合作共建，占地 207hm²，于 2010 年 4 月初步建成并对外开放，开园至今接待总游客量超过 1000 万人次。作为城市生态建设技术支持者，辰山更多地参与国际事务，面向国家战略和地方需求，服务"一带一路"沿线国家，服务上海科创中心建设，进行区域战略植物资源的收集、保护及可持续利用研究，志在成为全球知名植物研究中心、科普教育基地和园艺人才培养高地。2020 年荣获中国最佳植物园"封怀奖"。辰山以"国内领先、国际一流"为目标，以"精研植物，爱传大众"为使命，立足华东，面向东亚，进行植物的收集、研究、开发和利用。

园区由综合楼、植物展示区及科研中心三部分组成。综合楼的主要功能为游客服务、游客科普和行政办公；植物展示区由中心展示区、植物保育区、五大洲植物区和外围缓冲区等四大功能区构成，分成 26 个植物专类园，中心展示区与辰山植物保育区的外围以全长 4500m、平均高度 6m 的绿环围合而成，绿环既展示欧洲、非洲、美洲和大洋洲的代表性适生植物，又将综合楼、科研中心和展览温室三座建筑联系在一起。科研中心拥有 1 个上海市资源植物功能基因组学重点实验室、1 个华东濒危资源植物保育中心、1 个国家花卉工程技术研究中心城市园艺研发与推广分中心、6 个国家种质资源库和一个国际荷花资源圃，是中国野生植物保护协会秋海棠专业委员会主任单位和秋海棠专业委员会挂靠单位。

辰山成立以来，编撰出版《中国外来入侵植物彩色图鉴》《上海植物图鉴》《中国蕨类植物生物资源与多样性保护》《蕨类植物迁地保护的方法与实践》《中国东海近陆岛屿备注植物科属图志》《移动式绿化技术》《江南牡丹——资源栽培及应用》《兰花鉴赏与评审》《现代植物园发展路径解析》《解译植物法规》等科研、科普专著和译著79 部（卷、册）；发表文章 930 余篇，其中 SCI 370 余篇；授权专利近 40 项，获得软件著作权 50 个，培育新品种 30 多个，获得省部级以上科研奖项 10 项。

已形成"次生代谢与资源植物开发利用""植物多样性保育"和"园艺与生物技术"三大特色研究方向。在次生代谢与资源植物开发利用研究方面成功破解了黄芩合成消炎、抗癌物质的秘密，为有效成分的人工合成创造了可能；自主开发了一套全新多倍体单倍型分析软件，成功地绘制了甘薯基因组的精细图，开创了多倍体复杂基因组分析的先河；初步解析了油用牡丹 α–亚麻酸高效合成途径，为最高效提取优质牡丹籽油提供依据。在植物多样性保育研究方面，探究白及与菌根真菌共生营养关系，为兰科植物的生态适应提供新视角；解析了蕨类植物功能性状与生存策略的关系，以及胡桃科的起源与演化；全面调查分析了中国外来入侵植物现状，不仅为根治提供理论依据，更为预防提供基本措施；建立了具有国际影响力的荷花、唇形科、蕨类、睡莲等 7 个种质资源库，自主开发的活植物管理系统及"园丁笔记"手机 APP 采集终端系统等，为 20 余个科研专题网站与数据库提供服务。在园艺与生物技术方面，提出了"在城市中再造自然"的城市生态修复与发展理念，通过生境重建在城市中再造自然，出版《城市特殊生境绿化技术》等同一系列丛书 5 册。

经过 12 年的快速发展，活植物收集和迁地保育物种数量已跃居全国前列，工作成效明显。至 2021 年底，引种植物申请登记号 38186 号，累计收集到来自 56 个国家的各类特色植物 288 科 2603 属 25215taxa（包含 12977 个原种和 12218 个品种），现存活植物 260 科 1945 属 17530taxa（包含 9296 个原种和 8234 个品种）。其中中国本土植物 4828 种，华东地区植物 2513 种，国家重点保护高等植物 521 种。针对植物迁地和就地保育工作中存在的野外植物多样性调查力量不均衡、各环节工作脱节、缺乏系统性等问题，辰山正在积极探索建立野生濒危资源或特色植物信息化综合保育技术体系，为植物保育全流程提供信息化工作平台、信息化工具支持，发挥示范效应，形成植物保育新模式，持续为地方、行业提供理论培训和技术服务。

辰山积极挖掘自身特色，整合园内专家资源，改造提升园内科普设施，策划研发自然教育课程，培训志愿者，开展科普教育实践活动，形成了有辰山特色的科普教育体系和特色品牌活动。现拥有 7 人的科普教育团队，100 多人的志愿者队伍。重点打造了 4D 科普影院、儿童植物园、热带植物体验馆、科普教室等设施和活动场所，形成了集影视、科普展示、自然体验于一体的综合自然探究设施体系。以青少年儿童为重点目标群体，策划适合中小学生的 50 多门自然探究性研学实践课程，拥有"宝宝坐王莲""辰山奇妙夜夏令营""校园植物课堂""小植物学家训练营""准科学家培养计划"等科普教育品牌。辰山植物园注重线上的科学传播，每年各类视频、直播活动点击率近百万人次。目前官方微信关注数达到 36 万人，微博关注人数超过 55 万人，是国内植物园领域粉丝数和阅读量最多的植物科普平台之一。每年出版 3～5 本科普专著、译著，包括《植物名字的故事》《DK 植物大百科》《植物的智慧》《神奇的植物王国》《英国皇家园艺学会植物分类指南》《植物园的科学普及》等。辰山也成为全国科普教育基地、全国中小学生研学实践教育基地、全国自然教育基地和上海市自然教育基地。

与英国邱园、意大利帕多瓦植物园、美国莫顿树木园等 10 多个国家和地区、50 多个单位签署合作备忘录，双方开展技术交流、人员培训和科学研究等多角度的合作。在全球植物园面临新冠疫情的冲击下，辰山倡议并积极参与国际植物园保护联盟（BGCI）发起的应对策略线上讨论；在首尔植物园国际研讨会线上会议中，作为中国植物园的代表应邀在大会上发言，交流经验；在 BGCI 制定 2021～2025 年战略发展规划中，积极参与规划的讨论和建议，发出来自中国的声音。紧紧围绕"一带一路"倡议，加强与"一带一路"沿线国家植物园的合作与沟通，连续举办 5 届 IABG 植物园发展和管理培训班，分享辰山建设发展的成功经验和发展理念，为亚洲发展中国家植物园培养优秀的管理和技术人才。在国内，服务地方需求，为宁波植物园、苏州植物园、太原植物园的建设管理提供技术支持，为中国花博会、北京世园会、上海世博文化公园建设提供智力支持。

2.2 辰山植物园活植物收集历史

辰山植物园筹建于 2004 年，2005 年开始启动引种工作，2007 年开始动工兴建，2009 年转入专类园建设阶段并于 2010 年对外试开放。根据整体项目建设的推进，前期活植物收集引种的策略根据项目需求不断变化，大致分为四个阶段：

第一阶段为 2005～2006 年。引种工作启动，由于引种经费不足、苗圃场地有限、人员紧缺等原因，引种工作的开展主要靠野外收集和委托科研院所代为引种。野外引种的目标类群以华东地区植物的野生种类为主。此阶段引种情况见表 2-1。

辰山早期活植物收集情况　　　　　　　　　　表 2-1

年份	批次	引种	科	属	种	品种
2005	24	252	71	139	184	17
2006	79	1196	112	294	528	415

表 2-1 显示，2005 年引种共 184 种 139 属，各个属的种类都有涉及但物种并不多，没有开展专科专属的引种。到 2006 年，引种的批次和引种登记号数量都有了明显的提高，特别是品种引种，几乎接近了野生种的引种数量。

从图 2-1 和图 2-2 可以看出，2006 年展开了鸢尾科植物专科专属引种，使鸢尾科鸢尾属的种类在短时间内大幅增加。前期专类园规划中，鸢尾园是辰山植物园的特色专类园，园艺品种的引种只通过委托引种，依靠国内有资质的园艺机构来引种品种。除了鸢尾科鸢尾属，其他的科属引种都较为分散，而且都是华东地区分布的属，引种主要依靠野外采集引种。

初期阶段的植物收集园艺品种主要依赖园外人员进行，野生植物则由辰山引种团队野外引种收集，且收集的植物种类也是华东地区常见树种或乡土树种，不过这有利于探索和总结养护管理方式，况且野外引种收集工作本身也遵循由近及远、由易到难的模式。

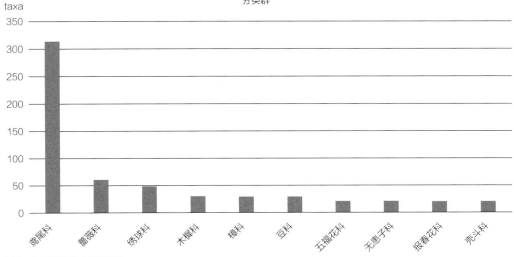

图 2-1　引种前十科情况

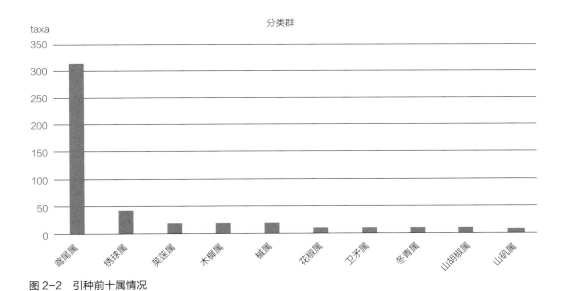

图 2-2　引种前十属情况

　　第二阶段为 2007～2010 年。2007 年植物园动工后，引种苗圃也同步扩建，种植场地面积扩大，基础设施设备不断完善，引种工作得以全面铺开。随着专类园基础建设逐步完成，专类植物的引种种类和数量有了大幅提升。此阶段引种情况见表 2-2。

辰山第二阶段活植物收集情况　　　表2-2

年份	批次	引种	科	属	种	品种
2007	159	2833	159	549	987	1277
2008	86	2564	146	470	701	1512
2009	27	977	113	280	407	507
2010	115	3375	182	737	1653	1197

表2-2显示，辰山植物园开园对引种有很大的影响，特别是2009年，由于准备开园，专类园、温室的建设也接近尾声，需要大量的植物养护人员在展览区进行植物养护工作，专类养护人员的精力都集中在植物养护上，引种工作相应受到影响。

从图2-3和图2-4可以看出，此阶段植物引种主要以温室展览区、专类园的引种为主，温室植物尤其是凤梨科植物的引种力度较大，彩叶凤梨属（*Neoregelia*）、铁兰属（*Tillandsia*）、光萼荷属（*Aechmea*）、丽穗凤梨属（*Lutheria*）在前十属的引种排名中都占有一席，其他的温室植物，如仙人掌科（Cactaceae）、天门冬科（Asparagaceae）等都是展览温室展示的重要类群。专类园引种中，蔷薇科（Rosaceae）、鸢尾科、柏科（Cupressaceae）、芍药科（Paeoniaceae）都是园区专类植物，主要是月季园、鸢尾园、裸子植物园、芍药园的专类植物，此时展览区域专类植物的引种作为引种重点，为辰山植物园开园做充足的准备。

此阶段主要引种观赏价值较高的专类栽培品种，不乏国外的园艺品种。随着生产温室的相继建设完成，容纳温室栽培植物的空间充足，适合温室生长的热带植物、多肉植物的引种数量大大提升。虽然2009年受开园影响，引种数量急剧下降，但是随

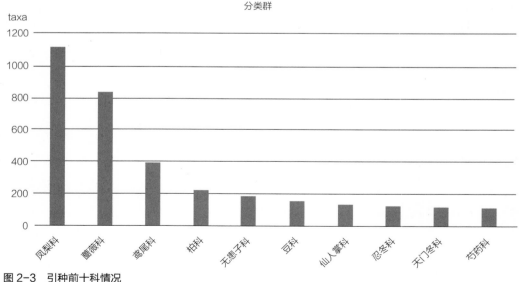

图2-3　引种前十科情况

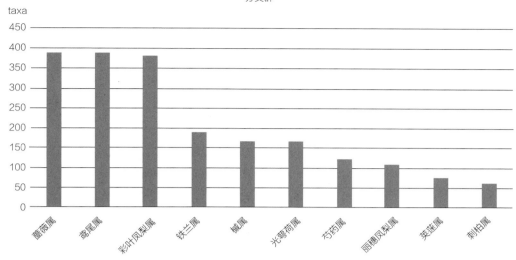

图 2-4　引种前十属情况

着 2010 年开园后，养护人员及养护队伍建设完成，专类植物的引种工作迅速恢复。

第三阶段为 2011～2014 年。园区开放后，科研团队组建，科研类群逐步确定；科普部门成立，植物科普工作相继展开。这些都对植物引种收集提出了更高的要求。一方面需要继续加强专类植物的收集，另一方面需要重点收集具有科研价值、城市园林推广价值和科普宣传价值的种类。此阶段引种需求扩大，但专门的引种人员紧缺，导致引种数量不及上一阶段。此阶段引种情况见表 2-3。

辰山第三阶段活植物收集情况　　　　　　　表 2-3

年份	批次	引种	科	属	种	品种
2011	156	4188	168	780	2079	995
2012	225	2295	93	449	1317	539
2013	201	1709	111	447	953	468
2014	150	1193	99	253	487	442

从表 2-3 可以看出，开园后迎来了引种高峰，各项工作逐步回归正常，养护工作也开始常态化，专类人员可以开展引种工作。

图 2-5 和图 2-6 显示，此阶段科研植物的引种收集逐步加大，科研中心课题组的组建已经完成，针对科研材料的引种收集越来越受到重视，因此兰科植物、唇形科植物等引种效果明显，秋海棠属（*Begonia*）、鼠尾草属（*Salvia*）、石斛属（*Dendrobium*）等引种力度较大。另外园艺多肉植物的引种仍占主要地位，沙生植物馆的开放为多肉植物的科普展示提供了平台，而中国本身多肉的种类并不多，观赏价值较高的多

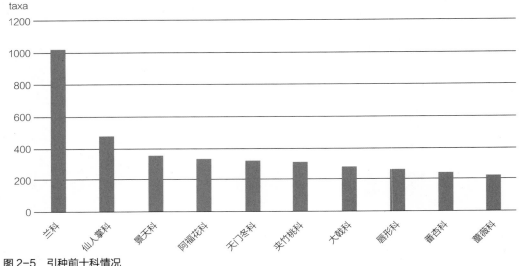

图 2-5　引种前十科情况

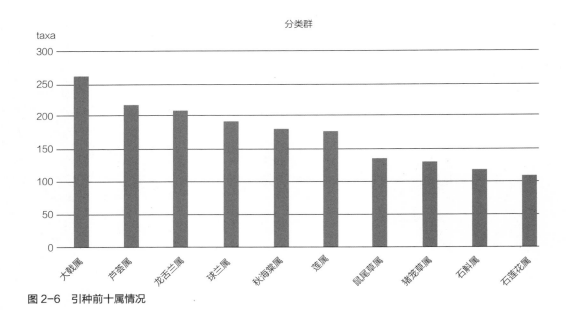

图 2-6　引种前十属情况

肉植物，例如大戟属（*Euphorbia*）、芦荟属（*Aloe*）、龙舌兰属（*Agave*）、石莲花属（*Sinocrassula*）等都需要从国外引种，多肉植物的集中引种可以快速补充到沙生植物馆，使景观效果日渐提升。

此阶段科研、科普和园艺引种共同推进，开园后科研、科普、园艺团队组建完成，工作都基于引种植物，因此三方面共同推进引种工作，此时引种工作还是主要依靠委托引种，野外引种工作，特别是科研材料的引种虽然逐步恢复，但是无论从种类还是数量上都与委托引种有很大的差距。

第四阶段为 2015～2020 年。活植物管理系统开发完成并在园区正式应用，便于统计分析引种成效，实现了活植物精细化管理。辰山活植物引种策略的制定，为引种工作的展开提供了方便，使引种目标更加精准清晰、引种管理更加科学有序，引种工作效率得到显著提高，原生植物引种数量逐年增加。此阶段引种情况见表 2-4。

辰山第四阶段活植物收集情况　　　　　　　表 2-4

年份	批次	引种	科	属	种	品种
2015	230	2416	119	380	1128	927
2016	286	2589	119	425	1425	851
2017	258	2333	135	404	1475	686
2018	341	4102	179	729	1755	1958
2019	398	3527	161	689	1890	1012
2020	158	2097	150	497	1115	871

从表 2-4 可以看出，2015～2019 年引种工作稳步推进，引种的批次、种类、品种逐年增加。2020 年引种工作推进明显减慢，主要是受新冠肺炎疫情影响，上半年几乎无法展开引种工作，下半年随着疫情逐步得到控制，才在有限范围内进行引种，国外引种工作全面暂停。

图 2-7 和图 2-8 显示，本阶段与第三阶段最大的区别是莲科（Nelumbonaceae）的引种数量急剧增加，这是由于建设了莲属（Nelumbo）植物栽培品种资源圃，收集保存莲属品种和登录的新品种。除了莲属，芍药属（Paeonia）、睡莲属、绣球属（Hydrangea）引种力度明显提升，它们都有专人在做专科专属的引种收集，实际上，这些属在收集的过程中，同步开展了育种工作，并且都已经培育出新品种。

2.3　辰山植物园活植物收集策略

2.3.1　概况

（1）辰山植物园活植物收集的目的

辰山植物园的使命是"精研植物，爱传大众"（To conserve plants in Eastern China,

分类群

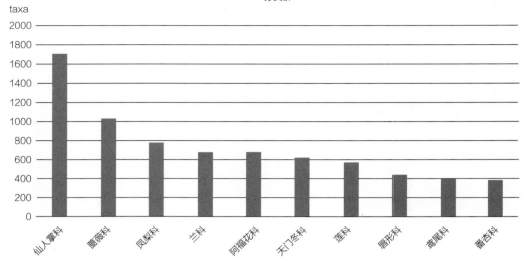

图 2-7 引种前十科情况

分类群

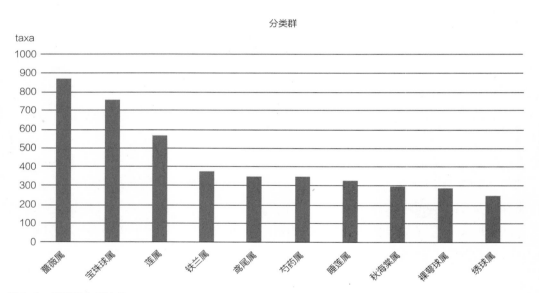

图 2-8 引种前十属情况

discover sustainable ways of using them, and share our knowledge and enthusiasm with the public）。活植物收集是辰山履行其使命的基本任务，为科研、科普、园艺工作提供材料，以供开展植物保育和开发研究、传播植物知识和陶冶性情、发展精湛的园艺水平为城市环境服务。

（2）制定活植物收集策略的目的

活植物收集策略为辰山活植物收集的发展、管理和持续有序进行提供指导，使活植物收集工作具有规范性和明确性。本策略适用于辰山植物园内所有现有和即将收集的活植物。

（3）活植物收集策略的管理

辰山植物园活植物收集策略由活植物收集委员会编写并执行。委员会由执行园长、分管园艺的副园长、标本馆负责人、课题组组长、园艺景观部部长、植物主管组成。活植物收集策略每五年审查一次并根据需要进行修订。活植物收集委员会也负责活植物收集规划和年度计划的编制。

植物收集的具体实施主要由标本馆、科研发展部和园艺景观部担任。活植物收集实行引种负责人制。在获批的计划任务和预算范围内，引种负责人具有活植物收集种类决定权和经费支配权，并承担相应法律责任。

活植物收集的信息记录、总结和评估等由园艺部活植物信息组主导，引种负责人和养护负责人协助完成。

（4）法律依据

辰山活植物的收集、管理和使用必须符合国际、中华人民共和国、上海市的相关法律法规规定，包括《中华人民共和国进出境动植物检疫法》《濒危野生动植物种国际贸易公约》《生物多样性公约》等。植物收集之前需对植物的入侵性进行评估，评估依据是该植物在原生地和临近地区是否列入入侵植物或具有明显的入侵性状。具有科学研究价值的入侵植物或潜在入侵植物可以保留，但需要特殊管理以抑制其扩散，不得用于园艺推广。

2.3.2　活植物收集的范围

活植物收集主要分为三类：科研收集、科普收集和园艺收集。收集的植物必须满足科研、科普、园艺三个功能的一个或多个要求。

（1）科研收集

科研收集主要服务于植物保育和开发，是植物园最重要的植物收集。这些收集是科研组的固有任务，应具备详尽的引种信息记录。按用途分为保护性收集和开发性收集。

①保护性收集

立足华东，并拓展至东亚地区，以珍稀濒危植物迁地保护为目的的植物收集，兼顾种内多样性和种间多样性。如流苏贝母兰（*Coelogyne fimbriata*）、兰科贝母兰亚族和吻兰亚族、蕨类、秋海棠属等。

②开发性收集

以战略植物资源储备、研究和开发为目的植物收集。主要收集芍药属、唇形科、药用植物、蔬菜类、作物野生近缘种等。

（2）科普收集

科普收集是服务于植物知识的教育与传播，用于向公众展示本地区代表性植物、奇特植物、植物历史故事、植物应用价值等的植物收集。科普收集以原种植物为主，具有详尽的引种记录信息。分为气候带植物收集和趣味植物收集。

①气候带植物收集

以展示具有气候带代表性植物为目的的植物收集。根据辰山的栽培条件，主要在全球范围内收集北亚热带植物，种植于室外园区；也适当收集热带植物，种植于温室。气候带植物收集向公众展示该气候带的物种多样性，以拓展视野，激发植物多样性保护的思想。

②趣味植物收集

以展示植物的特性、故事和应用，激发公众对植物的兴趣为目的的植物收集。收集内容广泛，具有一定的随机性，包括具有特殊形状、大小、结构、质地、颜色、气味的植物，具有文化历史背景故事的植物以及世界各族人民生活中广泛应用的植物。通过展示趣味植物，配合讲解或其他体验性活动，促进公众对植物物种的关注。

（3）园艺收集

园艺收集服务于园区的景观设计、展览需要、植物评估筛选、园艺育种、城市园艺，以及环境修复等。园艺收集兼顾原种和品种，具有一定的随机性，并会随着植物园的发展和市场需求而改变。根据种植区域可分为温室展示植物收集和室外展示植物收集。

①温室展示植物收集

不能在上海辰山植物园露地越冬，可种植于辰山展览温室，并能够美化温室园艺景观的植物。如凤梨科、兰科、多肉植物、食虫植物等。

②室外展示植物收集

能够定植于辰山室外园区，可以越冬，并能美化室外园区园艺景观的植物。如莲属、睡莲属、木兰科（Magnoliaceae）、樱花、观赏草等。

2.3.3 引种重点

在辰山活植物收集的范围内，优先引进的植物类别称为引种重点，引种重点是辰山植物园引种的核心，通常在辰山的科研、科普和园艺等各项工作中都被频繁使用，成为辰山各项工作的基础，并由此产生较多的工作成果。每个引种重点植物类群均需做出引种策略和计划，并定期接受园内的评估。引种重点及其在植物园发挥的功能会随着植物园的发展进行调整，并体现在每一版的《活植物收集策略》中。目前，辰山的引种重点有21项，分别为唇形科、凤梨科、海岛植物、兰科、莲科、月季（*Rosa*）、球兰属（*Hoya*)、食虫植物、蔬菜收集、绣球属、芍药科、木兰科、海棠类、樱属（*Cerasus*）、观赏草、多肉植物、阴生植物、睡莲科、药用植物、秋海棠科、蕨类植物。它们在辰山植物园主要发挥的功能见表2-5。

辰山引种重点的主要功能   表 2-5

序号	引种重点	主要功能
1	唇形科	科研（保护、开发）、园艺（室外）
2	凤梨科	科研（保护、开发）、园艺（室内）、科普（气候带、趣味）
3	海岛植物	科研（保护）、科普（气候带）、园艺（室外）
4	兰科	科研（保护）、科普（趣味）、园艺（室内）
5	莲科	科研（保护）、科普（趣味）、园艺（室外）
6	月季	科普（趣味）、园艺（室外）
7	球兰属	科普（趣味）、园艺（室内）
8	食虫植物	科普（趣味）、园艺（室内）
9	蔬菜收集	科研（开发）、科普（趣味）、园艺（室外）
10	绣球属	科研（保护）、科普（趣味）、园艺（室外）
11	芍药科	科研（开发）、科普（趣味）、园艺（室外）
12	木兰科	科研（保护）、科普（趣味）、园艺（室外）
13	海棠类	科研（保护）、科普（趣味）、园艺（室外）
14	樱属	科研（保护）、科普（趣味）、园艺（室外）
15	观赏草	科研（保护）、科普（趣味）、园艺（室外）
16	多肉植物	科研（保护）、科普（气候带、趣味）、园艺（室内）
17	阴生植物	科研（保护）、科普（趣味）、园艺（室内）
18	睡莲科	科研（保护、开发）、科普（趣味）、园艺（室外）
19	药用植物	科研（保护、开发）、科普（趣味）、园艺（室外）
20	秋海棠科	科研（保护）、科普（趣味）、园艺（室内）
21	蕨类植物	科研（保护）、科普（趣味）、园艺（室内、室外）

2.3.4 专有种质

辰山植物园员工利用园区种质资源，通过培育和筛选开发出的新品种，应申请专利或新品种登陆。专利权或新品种权归辰山植物园所有。

小结

活植物收集策略作为植物园的纲领性文件，指导着辰山植物园的引种工作从 2005 年有序开展至今。随着植物园的发展阶段和工作重点的调整，活植物收集策略也几经改动，这并不意味着辰山活植物的收集停滞不前，反而是在反复的调整中，让辰山的活植物收集更加有主题、有重点，更好地服务于植物园的各项工作，取得了更多的成果，减少了资源的浪费。活植物收集策略涉及植物园科研、科普、园艺等各个业务部门。管理者通过策略的制定，可以连接和打通各部门的工作，让活植物收集为所有业务部门服务，体现活植物收集的最大价值；同时使各业务部门的工作聚焦于园内的活植物收集，群策群力，重点突破。可以说，活植物收集策略为植物园各项工作的有序开展保驾护航。

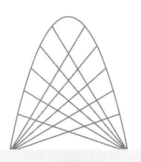

第 3 章
辰山植物园活植物
管理历史及策略
制定

3.1 活植物管理历史

辰山植物园从 2005 年启动引种就开始管理植物，到如今利用活植物管理系统对园区植物进行精细化管理，中间经历了很多曲折，有管理方法的转换，也有管理流程的重新制定，最终形成了目前的管理模式。管理从植物引种入园开始，到植物个体死亡结束。

3.1.1 活植物管理早期（2005～2009 年）

2005～2009 年开园之前，由于植物园管理制度缺乏，管理人员经验不足，植物管理工作一直处于变化调整阶段。这段时期的各项数据都通过 Excel 来管理，数据的录入通常先通过纸质表格记录下来，再人工录入电脑，不仅效率低下，还容易出现录入错误。早期日常植物管理过程中需要记录管理的内容如下：

（1）植物栽植位置调整

该时期，主要通过绘制定植图来实现植物栽植位置的管理。在苗圃平面图中依据垄畦的分布划分出不同管理地块，标注以不同代号。在图纸上，根据植物实际种植情况标示出植物的登记号。通常情况下，引种回来的植株规格较小，种植间距也较小。随着植物的不断生长，植物个体间会相互影响，因此每年会对植物进行位置调整，植物调整的情况都在定植图内进行更新。

（2）植物出圃

当苗圃植物移栽到专类园时，需要填写植物出圃单，记录原栽培位置、出圃原因、植物种类、数量、新的栽培位置及养护负责人等。

（3）养护记录

记录苗圃栽植植物的种类、养护内容（修剪、施肥、浇水等）、日期及养护人员信息。

（4）病虫害防治

苗圃集中栽植大量引种植物，种类多，数量大，区域光照和通风效果不佳，容易出现病虫害现象。管理者高度重视病虫害防治，定期检查诱虫灯，及时收集、清点、记录诱捕昆虫数量和种类，做好病虫害监测记录。

（5）物候记录

苗圃地块负责人对管辖区域内的植物做物候记录，在日常养护过程中将植物叶、花、果期的时间记录到纸质物候记录表中。每个月定期汇总物候表格，并将纸质内容录入到物候记录电子表格内保存。

（6）人员管理

由于园区还处在施工阶段，所有业务人员都在引种基地办公，主要分为引种人员、苗圃养护人员和科研人员。引种人员主要负责野外植物的收集，工作内容包含考察联络、植物引种、野外路线的规划、引种人员的组织协调等。引种人员在野外采集植物种子、幼苗、插条等，给植物材料挂上采集号牌；回到住地后整理采集信息，主要包含物种信息、产地信息、采集时间、采集人及采集数量等。从野外回到植物园后，引种人员将植物材料及引种信息交于苗圃养护人员，养护人员根据植物材料的类型，如植株、种子、插条等进行分类管理。植株要立即上盆定植，种子进行播种，插条进行嫁接或扦插繁殖。该时期由于实验设施设备缺乏，无法在引种基地内开展较高要求的研究工作，仅仅开展了土壤称重、酸碱度、肥力的监测，以及对珍稀濒危植物繁育体系的研究，包括种子饱满度检测、出芽率统计等。

3.1.2 活植物管理中期（2010~2014年）

2010年4月辰山植物园正式对外开放，苗圃养护人员大部分投入到专类园的日常养护工作中，少部分留在苗圃从事植物繁殖工作；科研人员进入辰山科研中心工作；野外引种人员进入标本馆工作。此时苗圃原有的管理模式已经无法正常运行，新的植物管理模式有待形成。

2012年上海辰山植物园园艺部成立活植物信息管理组，设置了专职的植物信息管理员及标牌制作员，对全园的植物进行系统化管理。主要工作有：

（1）重新开展物候记录工作

活植物信息组在园区选定100种植物进行物候记录，由4位固定人员分工完成。记录频率为每周一记，记录方式为拍摄植物固定角度的照片，再由一人根据照片判断物候期，形成物候记录电子表格，并提交至活植物信息管理组。

（2）植物名称校对

汇总和整理了辰山植物园的引种植物名录，对名录中的植物命名问题，如同物异名、同名异物、拼写错误、中文名缺失等进行名称校对，保证信息的完整和准确，也拟定了大量国外园艺品种的中文名。

（3）引种管理形式变化

开园后，园方成立植物引种工作组，负责植物引种的指导和评估。园艺部负责全园的活植物引种管理，包括植物引种规划和计划的编制、引种工作的具体实施、植物引种的信息管理和引种工作的总结和评估等。实行引种负责人制，在批准的计划任务和预算范围内，负责人具有植物引种种类决定权和经费支配权，并承担相应管理责任。

（4）引种管理流程建立

早期苗圃的引种工作都是依托建设项目、科研项目需求开展，缺乏统一科学的管理，该时期针对引种过程中的各个环节进行规范化管理，制定了引种计划—申请—实施—验收的管理流程。依据《上海辰山植物园引种规划》，园艺景观部需在当年制定下一年度植物引种计划，提请引种工作组审批通过，并纳入下一年度植物园财政预算；引种负责人（包括园艺景观部专业人员和承担引种性研究课题的负责人）根据园区专类园或相关课题的需要，填写引种预算申请；引种负责人在预算申请获准后方可实施引种，引种方式有采集、委托引种、赠予或交换；引种验收要求两名以上技术人员现场核验。引种的后续工作有引种信息归档、植物定植及播种、苗木出圃、物候记录和形成植物名录。

（5）植物登记号管理

将登记号作为植物引种的管理凭证。确定了登记号的申请流程，即登记号申请者将引种信息交于活植物信息管理员，活植物信息管理员登记引种信息、授予登记号，并将登记号及校对后的植物名称反馈给登记号申请者。

（6）铭牌管理

确定园区采用三种形式的植物标牌，分别是展览牌（图 3-1）、个体牌（图 3-2）、苗圃牌。展览牌材料为 ABS 双色板，正面磨砂黑色，背面白色，通过标牌制作员整理版面、操控雕刻机制作，主要是为游客提供植物种类及科属信息；个体牌为 PET 亚银不干胶标签纸打印，粘贴在铝质标牌上，个体牌为内部管理使用，方便专类植物负责人通过扫码操作记录物候及养护事项；苗圃牌使用合成纸，用条码打印机制作，用于苗圃幼苗管理。

（7）建立植物清查机制

每年年底组织园区及苗圃人员对各自区域内的活植物进行清查，每个区域负责人

图 3-1　展览牌

图 3-2　个体牌

根据地块和专类园的植物定植图及物种清单进行物种和数量的核对，最终将清查完成后的电子表格交于活植物信息管理员。

3.1.3　目前管理模式（2015 年至今）

2015 年，由于引种植物的种类及数量越来越多，人工管理登记号、记录物候信息等工作量巨大，管理模式弊端开始显现，例如最新的数据无法实时分享，数据筛选、汇总和分析耗时耗力等。在学习、分析和比较了国内外主流植物园的管理方式后，辰山植物园形成了适合自己的新模式。

（1）活植物管理的职责划分和人员设置

辰山植物园活植物管理工作隶属于园艺景观部，该工作的主要负责人称为活植物收集主管（Curator of Living Collections）或植物主管（Plant Curator），主要职责包括参与制定植物收集策略、植物引种、活植物收集价值评估、植物鉴定、植物交换、植物进出口、植物保育研究等。活植物收集主管需要良好的植物学背景，熟识植物类群，熟悉野外引种工作。

专类园养护管理人员和志愿者负责上传植物最新的信息至活植物管理系统。

标牌制作管理员负责使用和维护雕刻机、标牌打印机等设备，制作各类植物标牌，清查园区标牌，保证园区标牌的准确性和及时更新。

（2）信息收集

结合了各个植物园的经验，辰山把植物园值得收集的信息大致分为五个方面，详见表 3-1。

辰山活植物收集信息 表 3-1

序号	植物信息类型	记录的内容	信息获取特点
1	收集信息	植物类型（种子／苗／繁殖体）、引种号、引种人、供苗方、引种地（经纬度、海拔）、引种时间、规格、数量、植物原名等	客观而基础，比较容易收集
2	管理信息	登记号、植物在园中的位置和数量、标本或照片、濒危等级、原产地、引种用途、养护负责人等	在一定管理模式下被赋予和使用
3	分类信息	学名、异名、俗名、名称校正历史、名称来源、接受度、属名、科名	需要专业人员查询、鉴定和校对的，经过植物学处理
4	栽培信息	植物健康状况、物候、观赏价值、生长率和成活率、耐寒性、繁殖技术、自然灾害、病虫害风险等	需要在日常养护中长期观察和多次记录的需要持续积累
5	科研信息	对引种植物的研究，如解剖学、生物化学、遗传学、植物营养信息等	需要调查和试验

以上信息按照从易到难，耗时从短到长的顺序排序。辰山在信息记录的过程中，也遵循这样的顺序，当一株活植物被引种至植物园中，首要任务是记录收集信息，此时误记、漏记、不记的过失是将来几乎无法弥补的。植物的来源、提供者或原产地可以帮助正确鉴定植物，提升植物材料的研究价值，尤其是野外采集的材料可以用来评估该植物在野外的变异性，有助于植物保育，因此，收集保存具有详细野生来源记录的植物，成为辰山植物收集的重点。植物定植到园区的某处，该植物就被赋予了"身份证号""居住地址""存在意义"以及"监护人"等，正式成为活植物收集的一员，这就是管理信息。为了今后的管理、使用和宣传，该植物的名称应该是正确的，并且被纳入植物园认可的某一种分类体系中，这就是分类信息。接下来，在该植物的成长过程中，要知道它生老病死的全过程，这就需要栽培信息。最后，该植物的特质引起了科研人员的兴趣，人们对它进行宏观、微观的试验分析，更加深入地解读了该植物，这就是科研信息。对于某一类群、某种类甚至某一株植物个体收集的信息越全面，该植物的价值就越高。在培育园艺新品种、园艺展览、科普活动、科学研究以及植物利用等方面，辰山都会优先在背景资料正确而齐全的植物材料中进行选择，以增加结果的确定性和成功率[1]。

（3）植物信息管理流程

辰山的植物记录流程一般按照登记信息、鉴定命名、标牌、定位、清查的顺序进行。给新增加的植物一个供查找用的编号，叫做登记号。登记号把植物和与之对应的植物信息档案连接起来，因此，对于确定植物的身份、来源以及在植物园中的历史都是至关重要的。一个登记号的植物可以定义为同时符合下列条件的一组植物：属于同一个分类单位；属于同一种繁殖体类型；从同一来源得到；在同一时间得到[2]。辰山所用的登记号采用八位数字，前四位是引种的年份，后四位是该年的引种次序序号。同一个登记号的不同植物个体通常被赋予个体号，个体号用数字表示，草本植物通常按不同位置的群体来授予个体号。

鉴定命名即检查植物个体是否名物相符，鉴定正确；是否与登记号相符，具有正确的档案信息；是否使用规范的植物名称，无错名、异名现象。制定植物名称使用标准是校对植物名称的前提工作，在一个植物园内使用的所有植物名称必须是在同一标准下进行校对的。辰山颁布了《辰山植物园植物名称使用和分类处理标准》，对园区内所有的标牌、科普宣传、书籍出版物中使用的植物学名称进行统一规范。

标牌把植物信息与植物实体连接起来。辰山目前主要使用两种标牌：展览标牌和个体号牌，两者的区别见表3-2。一般植物园都能做到使用展览标牌，却不一定会使用个体号牌，个体号牌用量大、成本高，但它是活植物信息管理走向精细化的关键步骤，是非常值得做的工作。辰山植物园在个体号牌上增加了二维码，是植物信息管理工作的辅助手段之一。

展览标牌和个体号牌的区别　　　　　　　　　表3-2

	展览标牌	个体号牌
用途	向游客介绍植物名称	植物园内部管理
材料要求	美观，塑料、金属材质	持久，金属材质
位置	容易被游客看见，悬挂于树干，插杆插于土中	不容易被游客看见，使用螺丝钉于树干中，插杆置于土中
内容	基本信息：植物学名、俗名、科名，可选信息：原产地、用途、栽培养护要点等，需要标示清晰，具有可读性	登记号、个体号、种学名、科学名、原产地、种植位置等可使用缩写或代码表示
使用频率	相同种类的植物群体可使用一块标牌	每株植物个体使用一块标牌

植物定位把植物个体以点位的形式定位在园区地图上。植物定位可以直观地显示植物个体的位置，方便查找和统计，对于园区的精细化管理至关重要。辰山植物园根据园区的建筑、道路、河流、种植槽等地标来定位植物，将植物定位于高清的园区地图上（图3-3，图3-4）。

清查工作包括登记植物是否存活、植物定位是否准确、物种是否鉴定准确、标牌是否存在、是否标示正确、植物胸径、健康状况、物候、植物性别、病虫害等。上海辰山植物园使用自主创建的活植物管理系统和园丁笔记APP进行日常清查和定期全面清查。

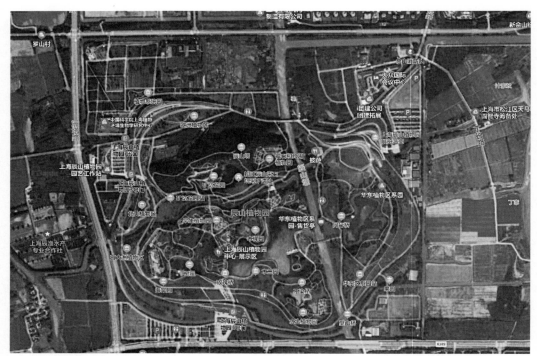

图 3-3　园区航拍图

定位信息

记录已经加载

定位列表　　新建定位　　　　　　　　　　　　　　　　　　　　　　　　请选择

个体号	专类园编号	专类园	地块编号	调查人	
20151689-3	GHPE	生产温室E	GHPE-105	wangzhengwei	2019-04-09T02:07:23
20151560-1	GHPE	生产温室E	GHPE-105	wangzhengwei	2019-04-09T02:07:24
20151704-2	GHPE	生产温室E	GHPE-105	wangzhengwei	2019-04-09T02:07:24
20160634-3	GHPE	生产温室E	GHPE-105	wangzhengwei	2019-04-09T02:07:24
20112181-2	GHPE	生产温室E	GHPE-105	wangzhengwei	2019-04-09T02:07:24
20160582-4	GHPE	生产温室E	GHPE-105	wangzhengwei	2019-04-09T02:07:24
20151584-1	GHPE	生产温室E	GHPE-105	wangzhengwei	2019-04-09T02:07:23
20151584-2	GHPE	生产温室E	GHPE-105	wangzhengwei	2019-04-09T02:07:23
20112296-2	GHPE	生产温室E	GHPE-105	wangzhengwei	2019-04-09T02:07:23
20151569-1	GHPE	生产温室E	GHPE-105	wangzhengwei	2019-04-09T02:07:23
20151569-2	GHPE	生产温室E	GHPE-105	wangzhengwei	2019-04-09T02:07:23
20151579-3	GHPE	生产温室E	GHPE-105	wangzhengwei	2019-04-09T02:07:23
20130576-2	GHPE	生产温室E	GHPE-105	wangzhengwei	2019-04-09T02:07:23
20161257-1	GHPE	生产温室E	GHPE-105	wangzhengwei	2019-04-09T02:07:23
20161257-2	GHPE	生产温室E	GHPE-105	wangzhengwei	2019-04-09T02:07:23
20161257-3	GHPE	生产温室E	GHPE-105	wangzhengwei	2019-04-09T02:07:23
20150911-5	GHPE	生产温室E	GHPE-105	wangzhengwei	2019-04-09T02:07:23

图 3-4　定位信息

（4）植物信息管理的平台和工具

植物信息存储的载体从记账本发展至电脑数据库，而后者经过几十年的发展已经产生了多种选择，如 Microsoft Excel、Microsoft Access database、BG-BASE、BG-RECORDER、IrisBG、BRAHMS、custom web-based SQL（结构化查询语言）database 等。根据考察比较，辰山植物园设计了一套适合辰山植物园管理模式和管理方法的植物信息管理平台，主要包含三部分：活植物信息管理系统（图 3-5）、园丁笔记 APP（图 3-6）、微信小程序（图 3-7）。活植物信息管理系统主要用于采集信息导入、数据统计显示、专类园数据管理等；园丁笔记 APP 是员工日常管理养护植物记录的工具；微信小程序供辰山及其他科研院所同行查询辰山物种信息，并在线提交植物材料采集申请。活植物管理系统的开发和应用颠覆了以往的活植物管理方式，得益于此，植物信息记录流程设计与管理、植物标牌制作与管理、物候记录、植物定位、全园植物名录、专类植物名录及数据统计等工作都能更好地展开。

图 3-5　活植物信息管理系统界面

图 3-6　园丁笔记 APP

图 3-7　植物材料采集申请小程序

3.2 活植物管理策略制定

经过早期引种基地的探索与实践，以及园区开放后的调整和优化，目前辰山活植物管理的各项管理制度基本制定，活植物养护和管理人员职能明确，植物管理工作走上科学、合理、高效的运作模式。管理模式的优化不仅有利于员工自身管理能力发展，也有利于活植物的精细化管理。

3.2.1 管理策略的目的

实时了解、掌握、记录引种植物的适应状况、生长状况、保育状况，追溯植物的管理历史、分类历史、凭证历史。

3.2.2 管理策略的目标

通过活植物管理系统的平台来管理记录植物从登记入园到最终死亡的过程，确保每种植物的各项历史信息都可以追溯，以达到精细化管理养护的目标。

3.2.3 管理策略制定

活植物管理组由园艺景观部部长和活植物信息管理组组长构成，负责编写活植物管理策略、规划活植物管理流程、检查和督导活植物管理工作。活植物管理策略每五年审查一次并根据需要进行修订。

活植物管理实行专类园负责制。活植物管理组具有活植物引种验收签字权，并承担相应法律责任。

活植物管理的具体管理规范、检查、评估等由活植物信息管理主管主导，引种负责人和养护负责人协助完成。

3.2.4 管理策略范围

活植物包括种子、插条、活体等植物材料，管理从植物引入植物园开始，至植物死亡止，需要确保期间的各项信息记录具有完整性、可靠性和可追溯性。

3.2.5　管理工具

（1）活植物信息管理系统

活植物信息管理系统是生成引种植物登记号、生成植物个体号、打印植物铭牌、栽培位置批量更新等操作的入口，各项操作均可在管理系统下载相应模板，按要求填写并导入系统，完成信息的更新（图3-8～图3-12）。

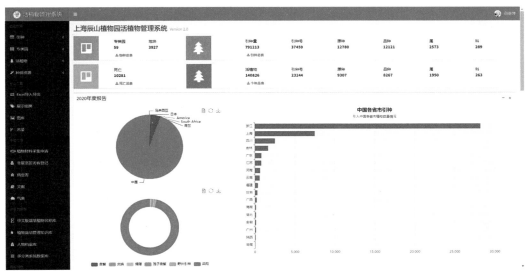

图 3-8　活植物管理系统首页

图 3-9　管理系统专类园界面

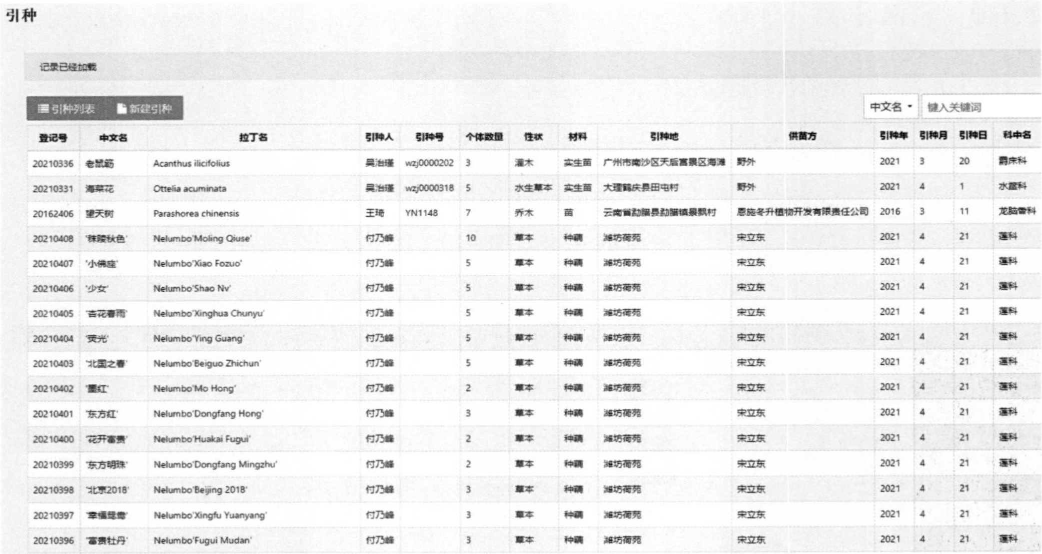

引种

记录已经加载

登记号	中文名	拉丁名	引种人	引种号	个体数量	性状	材料	引种地	供菌方	引种年	引种月	引种日	科中名
20210336	老鼠簕	Acanthus ilicifolius	吴治樘	wzj0000202	3	灌木	实生苗	广州市南沙区天后宫景区海滩	野外	2021	3	20	爵床科
20210331	海菜花	Ottelia acuminata	吴治樘	wzj0000318	5	水生草本	实生苗	大理鹤庆县田心村	野外	2021	4	1	水鳖科
20162406	望天树	Parashorea chinensis	王琦	YN1148	7	乔木	苗	云南省勐腊县勐腊镇景飘村	思茅冬升植物开发有限责任公司	2016	3	11	龙脑香科
20210408	'莫陵秋色'	Nelumbo'Moling Qiuse'	付乃峰		10	草本	种藕	潍坊荷苑	宋立东	2021	4	21	莲科
20210407	'小佛座'	Nelumbo'Xiao Fozuo'	付乃峰		5	草本	种藕	潍坊荷苑	宋立东	2021	4	21	莲科
20210406	'少女'	Nelumbo'Shao Nv'	付乃峰		5	草本	种藕	潍坊荷苑	宋立东	2021	4	21	莲科
20210405	'杏花春雨'	Nelumbo'Xinghua Chunyu'	付乃峰		5	草本	种藕	潍坊荷苑	宋立东	2021	4	21	莲科
20210404	'荧光'	Nelumbo'Ying Guang'	付乃峰		5	草本	种藕	潍坊荷苑	宋立东	2021	4	21	莲科
20210403	'北国之春'	Nelumbo'Beiguo Zhichun'	付乃峰		5	草本	种藕	潍坊荷苑	宋立东	2021	4	21	莲科
20210402	'墨红'	Nelumbo'Mo Hong'	付乃峰		2	草本	种藕	潍坊荷苑	宋立东	2021	4	21	莲科
20210401	'东方红'	Nelumbo'Dongfang Hong'	付乃峰		3	草本	种藕	潍坊荷苑	宋立东	2021	4	21	莲科
20210400	'花开富贵'	Nelumbo'Huakai Fugui'	付乃峰		2	草本	种藕	潍坊荷苑	宋立东	2021	4	21	莲科
20210399	'东方明珠'	Nelumbo'Dongfang Mingzhu'	付乃峰		2	草本	种藕	潍坊荷苑	宋立东	2021	4	21	莲科
20210398	'北京2018'	Nelumbo'Beijing 2018'	付乃峰		3	草本	种藕	潍坊荷苑	宋立东	2021	4	21	莲科
20210397	'幸福鸳鸯'	Nelumbo'Xingfu Yuanyang'	付乃峰		3	草本	种藕	潍坊荷苑	宋立东	2021	4	21	莲科
20210396	'富贵牡丹'	Nelumbo'Fugui Mudan'	付乃峰		3	草本	种藕	潍坊荷苑	宋立东	2021	4	21	莲科

图 3-10　管理系统引种登记号界面

图 3-11　信息导入界面

图 3-12　导入审核后数据下载

（2）园丁笔记 APP

园丁笔记 APP 是物候记录、栽培位置更新、养护记录的主要入口。通过园丁笔记扫描个体牌上的二维码，进行物候记录的填写以及物候照片的拍摄，填写栽培位置实现更新，也可记录养护过程中的修剪、施肥、浇水等事件（图 3-13）。

图 3-13　园丁笔记操作界面

（3）微信小程序

微信小程序是辰山植物园对外植物物种查询和植物材料采集申请的唯一入口，服务园内外科研人员，对辰山植物材料的采集可通过小程序完成查询、申请和审批（图 3-14）。

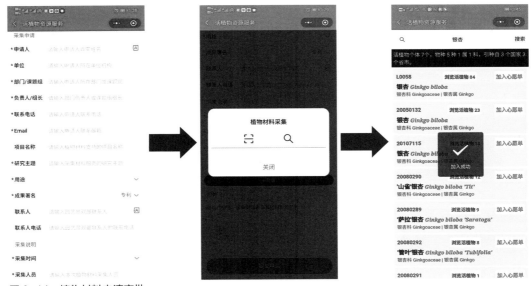

图 3-14　植物材料申请审批

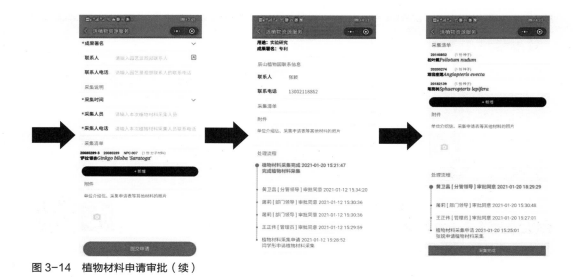

图 3-14 植物材料申请审批（续）

3.2.6 重点管理内容

（1）引种信息管理

植物材料引种进园后，必须按管理系统的模板填写信息（图 3-15），引种信息模板内红色字部分为必填内容，黑色字部分为选填内容，野生植物如不能鉴定到种，可以只填写科学名或属学名，园艺品种必须要填写品种学名。

图 3-15 引种信息导入模板

（2）登记号管理

按管理系统模板填写的引种信息表导入活植物信息管理系统（图 3-16），经过植物拉丁名的自动匹配校对后（图 3-17），系统自动生成引种登记号，引种人或养护人可下载引种登记号表。

Excel批量导入导出

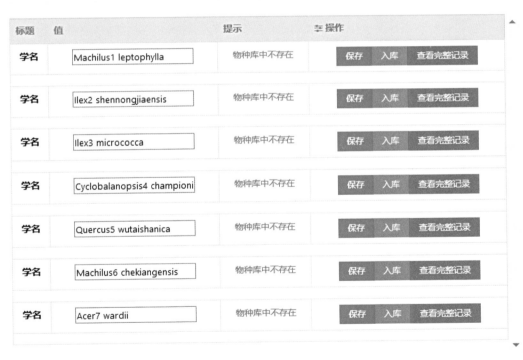

≡ 引种记录批量导入

♣ 个体记录批量生成

♀ 栽培位置批量更新

☑ 导入审核

jiangyun 2019/12/17 10:06:07 申请批量导入 ▣ 2019.12.17蒿云引种模板 (2).xlsx ☑ 审核 🗑 删除   导入引种

jiangyun 2019/12/17 9:40:48 申请批量导入 ▣ 2019.12 蒿云个体模板.xlsx ☑ 审核 🗑 删除   生成个体

liuzhao 2019/12/12 13:19:10 申请批量导入 ▣ 栽培位置-2019年10月华东区修槽.xlsx ☑ 审核 🗑 删除   更新定植

yulixia 2019/5/6 14:32:38 申请批量导入 ▣ 栽培位置变更 (辅网图) .xlsx ☑ 审核 🗑 删除   更新定植

« Prev   共有记录 4 条（1页），当前页为第1页。   Next »

☑ 下载Excel文件

图 3-16　数据导入模板

批量导入审核

标题	值	提示	⛁ 操作		
学名	Machilus1 leptophylla	物种库中不存在	保存	入库	查看完整记录
学名	Ilex2 shennongjiaensis	物种库中不存在	保存	入库	查看完整记录
学名	Ilex3 micrococca	物种库中不存在	保存	入库	查看完整记录
学名	Cyclobalanopsis4 championi	物种库中不存在	保存	入库	查看完整记录
学名	Quercus5 wutaishanica	物种库中不存在	保存	入库	查看完整记录
学名	Machilus6 chekiangensis	物种库中不存在	保存	入库	查看完整记录
学名	Acer7 wardii	物种库中不存在	保存	入库	查看完整记录

关闭	批准

图 3-17　拉丁名自动校对

（3）栽培位置管理

辰山园区实行地块化管理（图 3-18），引种植物的初始位置即填写引种信息模板时的栽培位置。

（4）专类园管理

专类园的新建或者名称修改，在管理系统内即可完成（图 3-19）。专类园归属变更只需要设置专类园负责人及区域负责人，其专类园物种、数量及位置数据都自动归属到专类园负责人及区域负责人界面，可以实时查看专类园的植物名录、物种数、植物死亡数。

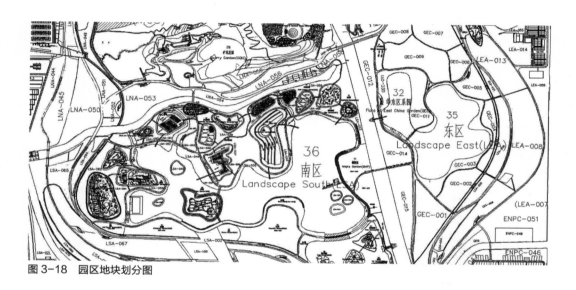

图 3-18　园区地块划分图

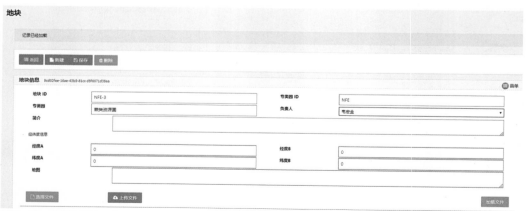

图 3-19　专类园地块

（5）植物个体管理

园区内乔灌木植株须每株挂唯一个体牌，乔木类植物用圆锥弹簧与螺丝钉固定在树干上，灌木类植物需将个体牌用铁丝悬挂于最靠下的一个分叉枝上，草本类植物个体牌需要用插杆固定在草本植物群体内（图3-20）。

（6）物候观测管理

利用园丁笔记APP巡查园区，扫描植株个体牌，拍摄照片作为观测凭证，并记录物候、生长状况、病虫害以及养护管理措施等信息（图3-21）。

（7）个体死亡管理

图3-20　植物个体铭牌

植保人员、活植物管理人员、专类园养护人员共同对死亡个体进行评估分析。活植物管理人员回收个体牌及配件；养护人员在园丁笔记内填写死亡个体信息及死亡原因（图3-22）；涉及病虫害致死的交由植保人员处理，其余则由养护人员移至废弃物处理厂处理。

观测记录

个体登记号	生长状态	高度	胸径	东西冠幅	南北冠幅	叶	叶色	花	花色	果	果色	观测人	观测日期
20150232-33	GOOD					幼叶期	绿色	花蕾		无		周丹燕	2019-04-04T09:29:49
20170611-3	GOOD	0.62				幼叶期	绿色	无		无		周丹燕	2019-04-03T14:14:24
20170565-1	GOOD					幼叶期	红褐色	花蕾		无			2019-04-03T13:53:02
20170697-4	GOOD					幼叶期	绿色	无		无		周丹燕	2019-04-03T14:12:13
20170541-4	GOOD					幼叶期		无		无		周丹燕	2019-04-03T14:10:58
20170663-1	GOOD					幼叶期	绿色	无		无		周丹燕	2019-04-03T14:08:40
20170512-1	OK					幼叶期	绿色	无		无		周丹燕	2019-04-03T14:05:24
20170577-1	GOOD					幼叶期	绿色	无		无		周丹燕	2019-04-03T14:04:21
20170507-3	OK					幼叶期	深绿色	无		无		周丹燕	2019-04-03T14:02:56
20170650-2	GOOD					幼叶期	黄绿色	花蕾		无		周丹燕	2019-04-03T14:00:57
20170588-2	GOOD					幼叶期	黄绿色	无		无		周丹燕	2019-04-03T13:56:28
20170663-1	好					幼叶期		无		无		周丹燕	2019-04-03T14:07:45
20170663-1	好							无		无		周丹燕	2019-04-03T14:07:45
20150075-2	GOOD					幼叶期	红绿色	花蕾		无		周丹燕	2019-04-02T13:59:17
20150018-19	GOOD					幼叶期	红褐色	无		无		周丹燕	2019-04-02T14:02:46
20161663-8	GOOD					幼叶期	红色	花蕾		无		周丹燕	2019-04-02T14:05:23
20161459-5	GOOD					幼叶期	黄绿色	无		无		周丹燕	2019-04-02T14:13:51

图3-21　物候观测记录管理

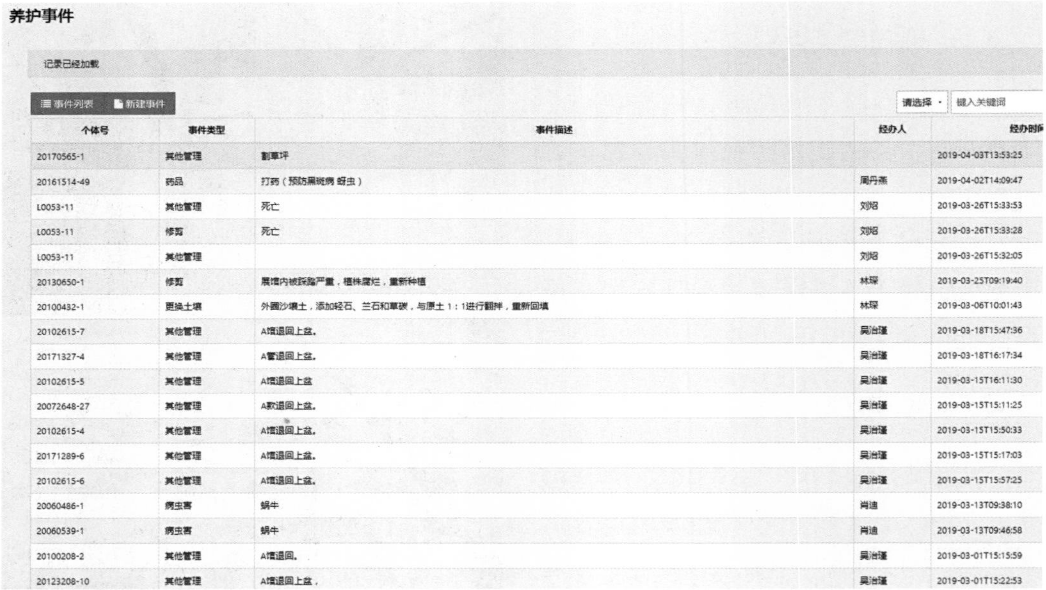

个体号	事件类型	事件描述	经办人	经办时
20170565-1	其他管理	割草坪		2019-04-03T13:53:25
20161514-49	药品	打药（预防黑斑病 蚜虫）	周丹燕	2019-04-02T14:09:47
L0053-11	其他管理	死亡	刘炤	2019-03-26T15:33:53
L0053-11	修剪	死亡	刘炤	2019-03-26T15:33:28
L0053-11	其他管理		刘炤	2019-03-26T15:32:05
20130650-1	修剪	展馆内被踩踏严重，植株腐烂，重新种植	林琛	2019-03-25T09:19:40
20100432-1	更换土壤	外圈沙壤土，添加轻石、兰石和草碳，与原土 1：1进行翻拌，重新回填	林琛	2019-03-06T10:01:43
20102615-7	其他管理	A馆退回上盆。	吴治瑾	2019-03-18T15:47:36
20171327-4	其他管理	A管退回上盆。	吴治瑾	2019-03-18T16:17:34
20102615-5	其他管理	A馆退回上盆	吴治瑾	2019-03-15T16:11:30
20072648-27	其他管理	A款退回上盆。	吴治瑾	2019-03-15T15:11:25
20102615-4	其他管理	A馆退回上盆。	吴治瑾	2019-03-15T15:50:33
20171289-6	其他管理	A馆退回上盆。	吴治瑾	2019-03-15T15:17:03
20102615-6	其他管理	A馆退回上盆。	吴治瑾	2019-03-15T15:57:25
20060486-1	病虫害	蜗牛	肖迪	2019-03-13T09:38:10
20060539-1	病虫害	蜗牛	肖迪	2019-03-13T09:46:58
20100208-2	其他管理	A馆退回。	吴治瑾	2019-03-01T15:15:59
20123208-10	其他管理	A馆退回上盆，	吴治瑾	2019-03-01T15:22:53

图 3–22　死亡信息管理

（8）植物材料采集申请管理

使用微信小程序填写和提交植物采集申请表，活植物主管、园艺景观部部长、分管领导在小程序内审核后（图 3–23），申请人下载打印申请单，凭借申请单及单位介绍信即可在园区采集。

（9）展示标牌管理

标牌申请人需要根据系统内标牌申请工单模板填写登记号、规格和数量并上传至数据库内，系统管理员审核通过后，标牌管理员可下载工单制作植物展示牌（图 3–24）。展示标牌内容可以根据专类园需求提供个性化定制服务。

（10）物种名录管理

系统采用最新的 APG Ⅳ 分类系统，物种拉丁学名库依据 RHS 栽培植物名录、FOC 物种名录、TPL 物种名录。部门内专科专属专家可参与专类植物物种名录的修订工作。活植物信息管理系统数据库实时生成物种名录，也可实时查看名录中物种的个体信息。

（11）活植物报告

根据活植物管理系统中的数据生成可视化统计报告。报告内容包括植物采集地分布、园内种植分布、采集人、采集方式等的统计（图 3–25，图 3–26）。

图 3-23　小程序申请审批界面

铭牌管理

图 3-24　展示铭牌制作申请管理

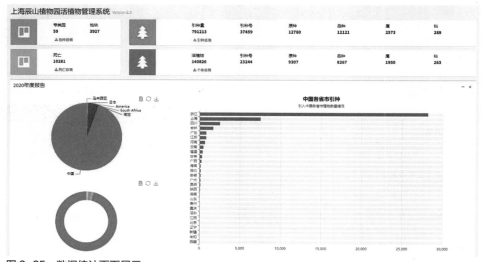

图 3-25　数据统计页面展示

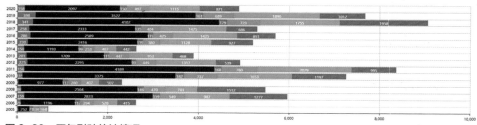

图 3-26　历年引种统计情况

（12）人员权限管理

　　根据不同的工作内容，在管理系统内部设置不同的权限。活植物信息管理组组长、园艺景观部部长需要随时了解植物管理信息、物种信息等，因此赋予全面管理权限；区域主管对于管辖内的各个专类园有管理查看的权限；专类园负责人只有对应专类园的管理权限（图 3-27）。

3.3　活植物管理的实践工作

　　在活植物管理过程中会遇到很多问题，为规范管理、避免反复犯错，需要制定管理要求和标准，形成制度，保证准确地管理记录植物的生长发育情况、追溯物种的栽培养护历史及物候记录，即确保管理的有效性。辰山对活植物管理过程中涉及的信息

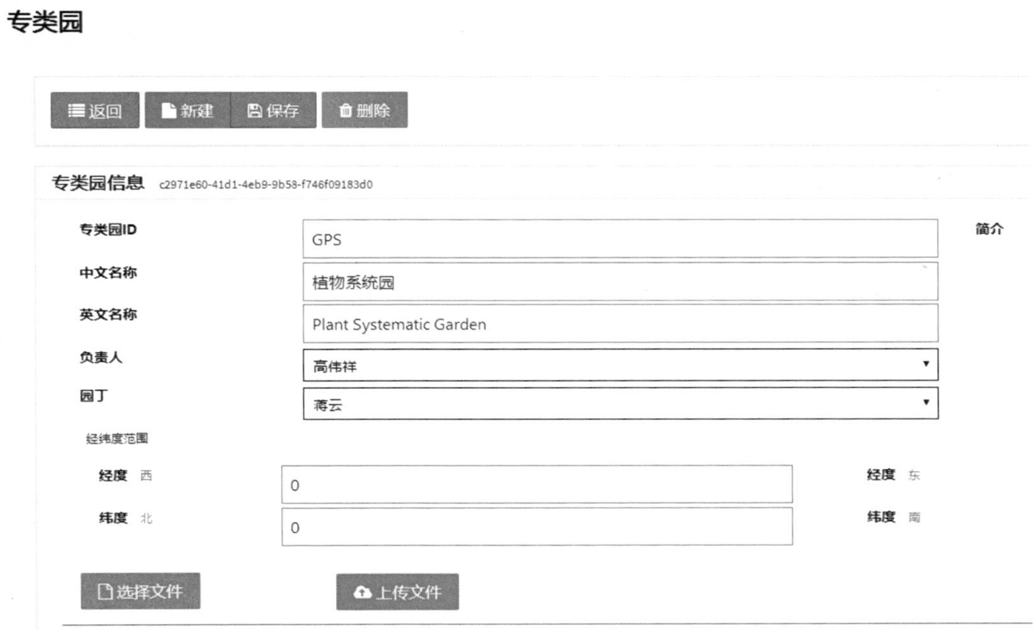

专类园

图 3-27 专类园人员权限管理

格式、管理手段、管理流程等做了详细规定，辅助管理工作快速有序展开。

3.3.1 信息记录格式和数据管理的标准化

植物园与其他绿地公园的根本区别在于植物园栽种的活植物具有丰富且完整的引种信息。辰山在引种初期就制定了完整的引种信息登录标准和管理要求。

（1）引种登记信息

引种登记信息是对引种植物进园的登记，必须按引种登记表要求填写相应信息。引种登记表填写的内容包含引种号、植物中文名、植物学名、引种时间、材料类型、引种途径、引种数量、引种国家、植物来源、引种人、引种人姓名全拼、凭证信息、栽植位置。

①引种号

引种号为引种人员给还未进入植物园的每种引种植物编制的号码，用于后期引种信息的整理和对应，也方便统计计算。引种号没有统一的格式，有按采集人首字母来编号，例如 WZW001，即表示王正伟采集的 001 号植物；也可以按省市县字母来编号，例如 WS-001，表示巫山县采集的 001 号植物；也有直接用 001 或者 1 来编号的。

②材料类型

引种植物类型，即种子、插条、幼苗等信息。

③引种途径

引种途径主要有委托引种、购买、野外引种、捐赠、自繁等几种类型，建园初期，由于人员短缺、苗圃场地受限，只能依靠委托引种和购买的形式。委托引种是指将引种工作委托专门从事植物引种工作的其他科研院所来执行，主要是野生植物的引种。购买主要用于具有较高观赏价值的园艺栽培品种的引种。捐赠主要指科研院所或者业内从业者将植物无偿赠送给植物园，因为具有一定的科研或者纪念价值需要特别备注。自繁即通过园区内已有的物种开展繁殖工作，繁殖出来的植株需要填写为自繁。

④植物来源

引种植物的来源地信息，主要有以下几种情况：野外采集或者委托引种的是指引种植物的野生来源地信息；购买的园艺栽培品种则需要填写供苗方的单位信息及单位所在的省市县信息，如知晓苗源培育地信息则将植物来源填写为培育地信息；捐赠的植物如果来源野外则参照野外采集填写，反之则依照购买品种形式填写；自繁植物需要填写亲本的来源地信息。

⑤凭证信息

野生来源的引种植物必须有凭证信息，即凭证标本和凭证照片。野外采集的植物在引种过程中保留凭证标本和拍摄凭证照片。委托引种的植物也要有凭证标本和凭证照片。

（2）引种登记号分配

引种登记号是植物引种至植物园并登记必要信息后，分配给引种植物的身份识别标识。一个登记号即为相同时间、相同地点、相同人员采集的同一种植物材料，包含种子、插条、活体植株。引种登记号的分配需要遵循以下原则：

①登记号格式一致

引种回来的植物材料不管是种子、插条还是活体植株都只能用唯一的登记号，登记号由 8 位数字组成，前面四位为引种植物的年份，后面四位为当年引种植物的连续编号。例如 20050174，即表示该引种植物为 2005 年引种的第 174 号引种植物。对于园区自然生长或者施工栽种的工程苗木，为与引种苗木进行区分，将登记号内的年份改为代表景观的 "Landscape" 首字母 "L"，后四位为连续编号，例如 L0021，表示景观苗的第 21 个物种。

②引种登记号唯一性

登记号一旦分配给一种引种植物后，不允许再用于其他的引种物种，即使植物材料死亡，登记号也不能分配给另外的引种植物重复使用。一个登记号不能对应两个或者多个物种。每个登记号只能分配给相同采集人、相同采集时间、相同采集地的相同物种或是植物材料，只要采集人、采集时间、采集点、物种有一项不同，就需要分配不同的登记号[3]。采集人、采集时间、采集点、物种相同，植物材料不同，如种子、插条、幼苗等，则分配相同的登记号，引种信息登记表内需标注植物材料类型。

③个体号牌

个体号牌内容包含登记号、中文名、拉丁名、科名、物种的条形码等信息，乔灌木每株挂个体号牌，草本植物按栽培盆数或栽种区域挂牌。

（3）物候记录

物候记录对应的状态标准，需参考物候记录标准进行（图3-28）。物候记录参照的标准如下：

①叶变化期

芽萌动：芽开始膨大至鳞片裂开。

新叶出：芽从鳞片中发出卷曲或对折的小叶。针叶树是当幼针叶从芽中开始露出时，即称为新叶出。

幼叶期：当新叶完全展开至新叶长到与成叶的大小及颜色相同之前称为幼叶期。

成叶期：新叶长到与成叶的大小及颜色相同时称为成叶期。

落叶期：从10%以上的叶片脱落开始，这一时期称为落叶期。

图3-28　园丁笔记APP中叶、花、果实变化期界面

无叶期：植株上仅剩 10% 以下的叶片。

②花变化期

花蕾：花芽发育形成花蕾时。

萌动：花蕾膨大至开花前这一时期称为萌动。

初花期：10% 以上植株有一朵或几朵花的花被片完全开放。针叶类开始形成球苞至苞片展开时，为初花期。

盛花期：40%~50% 的花蕾的花被片展开。

落花期：10% 以上的花开始凋落。

无花期：植株上仅剩 10% 以下的花。

③果实变化期

幼果发育：子房膨大至果实成熟前称为幼果发育。

果实成熟：40% 以上的果实变为成熟时的颜色和质地，为果实成熟期。

果落期：10% 以上的果实脱落。

（4）种子繁殖管理

引种回来的植物果实或种子，分配登记号后，填写《上海辰山植物园科学引种种子信息表》。需要播种的种子填写《上海辰山植物园科学引种播种信息登记表》，出圃苗木填写《上海辰山植物园科学引种种子出苗记录表》《上海辰山植物园科学引种播种小苗生长记录表》《上海辰山植物园科学引种播种苗移苗信息表》（图 3-29）。

（5）死亡登记

引种植物死亡，需要对死亡植株的死亡原因等进行记录（图 3-30）。

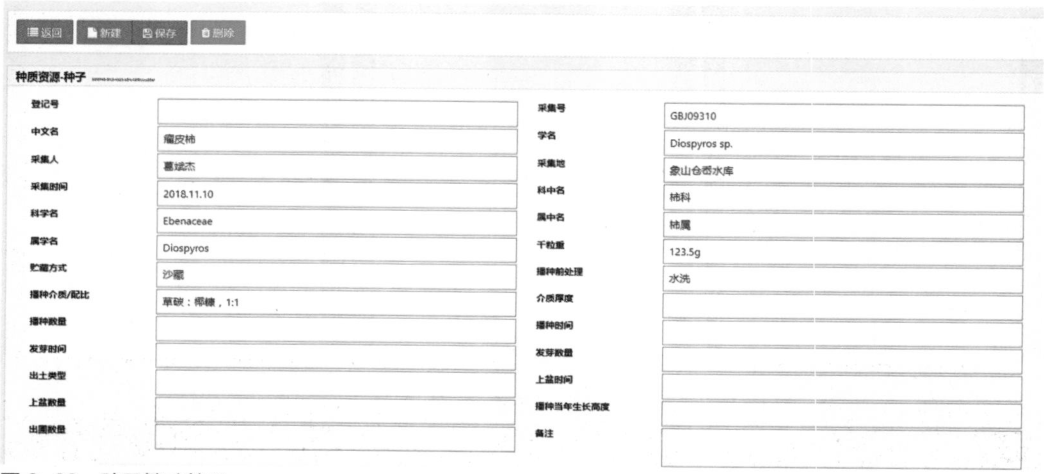

图 3-29　种子繁殖管理

3.3.2 活植物管理信息化水平提升

活植物管理的信息化水平体现着一个植物园管理能力与科研实力。从园区建设及开园后的管理，到目前的记录标准化，都需要一套既方便管理又便于查询下载的平台。植物信息管理员在广泛调研国内外活植物管理技术与方案的基础上，通过自主研发，紧密结合活植物管理日常业务，开发出一整套活植物业务管理软件与解决方案，为植物园的活植物资源管理、科研、科普教育、管理决策提供了全面的支持。

活植物管理信息化解决方案涵盖活植物管理 Web平台、园丁笔记（Gardener Note）APP、活植物管理微信小程序。活植物管理 Web 平台满足用户室内大量多类型数据集中管理、基于物种或地理要素的信息集成、资源统计可视化、基于 Excel 模板的数据批量导入导出、数据自动匹配等需求。园丁笔记 APP 用于用户现场活植物多维度数据采集、数据离线存储与

图 3-30　个体死亡信息记录界面

在线一键上传同步、扫码获取活植物全面历史信息等业务场景。活植物管理微信小程序用于对外服务，支持植物园活植物材料采集申请流程、活植物资源搜索、扫码获取活植物历史信息等。

借助信息化解决方案，完成活植物引种、养护、栽植、生长、表观、物候、服务等多维度数据的历史积累和管理，对于了解每个活植物独特的历史、植物园活植物资源家底、植物园公众科普与对外服务、公众对于活植物的关注点、科研现状与趋势有非常好的量化统计与信息呈现窗口。真正做到线上线下资源管理、园内园外公众服务、统计详情一目了然，活植物最新数据信息可通过多种设备、多个客户端、多种方式获取。

（1）活植物管理系统平台

活植物管理系统平台使用浏览器在线访问，用于集中数据管理和数据分析挖掘。管理活植物引种、专类园地块、物候观测、栽植定位、管理事件、种质资源、病虫害、气象、铭牌、物种库、名录、图库、文献等类型数据，提供 Excel 批量导入导出、文档系统、名称校对等工具，支持数据统计可视化、物种集成搜索、无人机地图等服务特性，拥有世界植物栽培物种库、APG Ⅳ 分类系统、中国珍稀濒危植物库、TPL物种命名人库等专业基础数据库。主要实现的功能如下：

- 支持中文、英文双语言版本，方便国际交流；
- 支持阿里云等云服务器部署；
- 支持私有化服务器部署；
- 支持数据批量导入导出处理流程，质量管理兼顾自动审核＋人工审核；
- 活植物量化管理，覆盖活植物管理业务每个细节；
- 活植物信息集成分析，数据统计可视化，资源状况一目了然；
- 物种集成搜索，整合标本、植物志、图像库、文献等多种资源；
- 植物园活植物名录实时生成；
- 基于专业基础数据库完成信息自动校对、匹配与填写。

①数据库模块

根据实际需求，第一版管理系统设计开发了 10 个模块，具体见表 3-3。

管理系统设计模块　　　　　　　　　　表 3-3

序号	模块名称	功能
1	专类园模块	专类园和地块信息查询，按照河流、道路等将整个园区分为若干个专类园，专类园设置专类园中文名称、英文名及编号，设置专类园负责人及区域负责人，同时对专类园进行简要描述，自选上传照片设置专类园封面；设置引种清单表、个体清单表、物种清单表及死亡清单表上传与下载界面；地块即查阅地块物种信息的界面，通过查阅专类园编号、地块编号、负责人来查阅对应的植物物种清单
2	工作批次	引种批次跟引种信息相对应，相同的引种人、相同的引种时间、相同的引种地点可以做为同一批次的植物
3	引种信息	引种信息可以查阅数据库内已有登记号的植物，包括引种登记号、引种人、拉丁学名、中文名、引种地信息等
4	个体信息	每个登记号植物，乔灌木植物每株个体都有唯一号码与之对应，个体号组成为登记号后面加"-"，再加个体数字编号；草本类植物个体号为群体概念
5	铭牌管理	可以通过此模块申请展示铭牌制作
6	植物名录	自动生成园区实时植物名录
7	活植物图库	拍摄的物候记录照片凭证可以通过此模块上传
8	数据统计	对引种信息内的物种、科属、引种地、引种人等分别进行统计
9	规章制度	展示活植物管理相关标准、制度、操作手册等
10	群组消息	部门内员工在线交流、问题反馈等

②管理系统升级提升

经过两年的推广使用，一些新的功能需求不断被提出来，2018 年在原有管理系统基础上面完成管理系统的升级，主要有 10 个方面，具体见表 3-4。

序号	升级模块	描述
1	活植物模块新增内容	个体信息模块整合到活植物模块，并增加物候记录、栽植定位、管理事件，这些功能都是根据园丁笔记APP操作记录并上传后，显示到对应的内容中
2	种质资源模块	记录种子清洗、保存、播种等操作；扦插苗的扦插或嫁接信息记录，如扦插环境温度、湿度、生根粉浓度等。当本模块的植物经过培育形成活植株时，再进行登记号申请，物种信息从种质资源库进入引种信息模块
3	病虫害模块	保存植保人员定期发布的植保报告，方便查阅历年病害虫发生时间、寄主植物，以及防治方法
4	气象数据模块	保存每日气象数据，有利于分析气候变化对植物生长的影响
5	物种库模块	植物学名数据库，整合了《中国植物志》（英文版）名录、The Plant List名录、Tropicos名录、英国皇家园艺协会RHS的数据，具有27万余个植物学名。当引种信息进入数据库后，后台将该物种学名与物种库内学名进行比对，未匹配的显示在审核项内，待管理员核实；匹配的信息进入物种库。该模块的使用增加了导入物种学名的准确性、一致性，减少了数据管理者的工作量
6	Excel导入导出模块	为了防止人为失误造成数据的错误，特开发此模块用于数据的整体导入，提供引种信息模板、新增个体模板、位置变更模板。导入过程中会提示重复导入，避免数据混乱。也支持数据下载导出，获得实时更新的数据
7	植物铭牌优化	活植物管理系统自动生成登记号和个体号，个体铭牌的信息可从系统自动调取。展示牌在内容和形式上多样化，展示牌内容去掉了登记号，只展示物种信息，有利于展示牌的重复利用
8	栽植定位管理	辰山活植物管理采用的是区域地块化管理，园区按功能分为专类园、景观区、山体区域及引种苗圃等区域，再根据路、河、桥、廊架等划分地块，通过区域代码加上地块编号来代表地块，例如樱花园（Cherry Garden）代码为GCH，地块为GCH-1、GCH-2等，通过引种信息模板填写栽植位置，导入后引种数据能自动汇总到地块和专类园数据中。地块或专类园的物种清单、物种个体数量、引种登记号数量等数据可以实时下载统计。栽植位置变化只需要填写新的地块代码即可，数据实现实时更新、实时下载、实时显示
9	植物分类系统完善	辰山活植物管理系统采用APG IV分类系统，导入引种模板无需填写科名，系统根据属学名自动将科名补充完整
10	文档系统模块	用于部门内活动记录、培训讲座记录、会议纪要等资料的整理汇总，便于保存和查询资料

（2）园丁笔记APP

园丁笔记APP可记录活植物各种数据，涵盖活植物物种、栽植定位、物候、养护、生长状态、病虫害、表观性状等维度，形式涉及文本、音频、图片、视频等，是园丁室外作业的好伴侣。扫描活植物个体牌二维码快速获取信息系统中活植物最新数据，现场即时采集最新活植物数据，室内WIFI环境可一键上传同步活植物数据，数据集成到活植物管理 Web 平台。支持基于 Android、iOS 操作系统的各种手机、平板电脑等移动设备，支持中文、英文双语言版本。主要实现的功能有：

- 查询活植物引种档案、物种信息、专类园地块苗单、统计报告；
- 扫码获取活植物全面最新数据；
- 离线记录活植物数据，在线一键上传同步；
- 批量更新活植物相同维度数据；
- 自动定位，航迹追踪；
- 一键清理过期数据。

基于以上设计方案，在实际使用过程中逐步实现和完善，最终园丁笔记 APP 界面确定为 6 个方面的功能，具体见表 3-5。

园丁笔记模块设计模块   表 3-5

序号	模块	功能
1	记录模块	此模块内包含主要的日常管理养护工作，例如物候记录、定位信息、养护事件。在养护过程中遇到需要记录物候记录，只需要扫码植物个体牌，就能显示上一次物候记录的时间、记录内容及记录人员，这样可以有效避免重复记录。定位信息可以通过点击手机定位就能通过百度地图显示经纬度信息。养护事件可以记录养护过程中浇水、施肥、打药、修剪等工作，以上任何一项记录完成后只需要点击保存并新建按钮，该条记录就会保存
2	图库模块	在进行物候记录、养护管理、定位等过程中，可以拍摄视频、照片及录音等功能，在图库中通过浏览就能看到，通过导入照片可以选择需要导入的照片、视频或者录音文件，最后只需要上传同步，就能完成数据的上传和同步，上传后再次扫码即可查看上传更新的资料
3	扫码模块	在园区养护过程中可以通过扫码查询物种的详细引种信息或者物候记录照片等
4	查询模块	在专类园内可查看专类园的物种清单，在地块内可查阅地块物种清单。物种内可以查阅《中国植物志》，查看植物志内容
5	消息模块	方便大家在使用过程中遇到问题时咨询
6	管理模块	操作人员登录账号、修改密码及清理过期数据的模块

在安卓版园丁笔记 APP 正常下载安装，各项功能都可实现后，我们针对系统开发了英文版，可以在操作界面随时更换。安卓版园丁笔记 APP 开发完成后，iOS 版本也同步开发完成，为 iOS 版手机使用人员提供服务。

（3）活植物管理系统小程序

活植物管理系统小程序基于微信平台发布，扩展园外公众、科研人员与植物园活植物的连接，提供公众科普和对外服务的窗口，满足公众对植物园引种栽培植物的查询，满足科研人员对科研材料的采样需求。

主要实现的功能：

- 支持注册并登录个人账户，查阅个人活植物材料采集申请历史；
- 支持扫码获取活植物个体物种信息及物候照片展示；
- 支持园区活植物资源搜索，自动统计种类及科属信息；
- 支持植物园活植物材料采集在线申请；
- 支持活植物采集清单的个体号扫码和输入；
- 支持植物材料采集申请单审核与流转审批；
- 实现植物采集申请表和采集清单与管理系统数据同步。

通过活植物管理系统对引种数据导入系统进行规范化管理，园丁笔记 APP 通过日常管理养护将物候记录及养护信息更新到数据库，我们对园区的活植物管理才得以实现，在完成已有物种的清查、盘点、记录、更新后，我们需要将引种回来的植物让科研人员利用起来，为了更好地利用园区的植物，我们开发了较为简便的微信小程序。主要功能见表 3–6：

小程序设计模块   表 3–6

序号	模块	功能
1	注册登录	申请植物材料的人员先进行注册，活植物管理人员进行审核，并将审核结果及时反馈给申请人
2	查询	查询物种界面提供拉丁学名、中文名、属名、科名等查询，并反馈查询统计结果
3	采集清单	查询后，申请人可直接将物种添加到采集清单，并就采集清单的物种进行需求标注，目前小程序内标注可提供活体、种子、根、茎、叶、花、果等供申请人选择，同时应填写对应的需求数量
4	提交申请	确定好采集清单后，可提交申请，活植物管理人员根据收到的电子版采集申请进行审核，填写部门对接采集的联络人员，如没有问题则进入部长审核，最后由分管领导审核
5	入园采集	分管领导审核通过后，系统会发短信提示采集人员携带好单位介绍信和采集申请表，按申请时填写的采集日期来园采集
6	采集完成	负责接待申请人的员工在采集现场将采集植物的个体号手动输入或扫码输入小程序，待采集全部完成后将介绍信、采集申请表交于活植物信息管理组，并在小程序内点击完成采集，采集过程才全部结束

我们自主研发活植物管理系统、园丁笔记 APP，实现了活植物信息管理无纸化。养护人员使用园丁笔记随时随地将日常养护记录、物候记录、病虫害、植物

位置调整、植物种类更新记录下来，同步到活植物管理系统中，使这些数据实现实时更新。

3.4　活植物管理创新及成果

植物园是国家战略性植物资源保护的重要基地，承担着植物多样性保护与可持续利用、回归引种、科学普及与咨询、科学研究等任务。植物园保存的活植物是完成上述诸多任务不可或缺的基础，而信息档案是植物园活植物的灵魂。活植物信息管理系统有助于对植物资源档案进行有效、便捷地管理检索和利用。通过活植物管理系统的开发，我们对活植物的管理业务流程有了较为全面的了解。通过与活植物管理系统配套使用的园丁笔记 APP、微信小程序的开发探索，使我们对新技术在活植物管理方面的应用做了有益探索，也为未来新技术在活植物管理方面的应用提供案例参考。只有不断地有新技术、新方法与活植物管理结合，才能使活植物管理更智能、更高效。

3.4.1　活植物管理系统业务流程梳理

活植物信息管理 Web 系统基于植物园管理规范和关键业务流程而设计，经过梳理、优化以往植物园管理业务流程，确定系统主要业务流程包括：采集引种、园内定植、登记申请、植物登记、标牌申请、标牌管理、挂牌定位、观测记录。系统业务流程积累的数据最终用于生成活植物报告、专类园管理、实地清查、物种名录等应用[4]。

3.4.2　活植物管理系统及配套软件开发探索

（1）植物信息综合管理的平台——活植物管理系统

开发抓住植物园管理主要需求，形成三条信息组织线路。第一条是管理线路，采用专类园—地块—植物个体的逻辑展开，方便园丁管理；第二条是引种线路，采用工作批次—引种记录—植物个体的逻辑展开，用于植物引种工作；第三条是日常养护线路，采用植物个体—管理事件—物候观测—生长状态—标牌等信息记录的逻辑展开，记录植物资源历史档案资料。同时这三条信息线路相互之间通过植物个体这个点进行连接，形成了完整的信息环路。

为了提高活植物管理效率，方便用户信息录入、管理和多重利用，系统还提供快速鉴定、图库管理、物种树实时生成、在线交流、二维码扫描、数据实时统计、信息检索、自动编号等功能的支持。

系统以栽培植物名称库为基础资料库提供植物快速鉴定功能，用户只要输入部分植物的中文名或拉丁名，系统自动匹配结果供用户选择，最终自动补齐物种全部信息。

图库管理支持批量上传、图片水印定义、照片 EXIF 信息提取、时间线查看、分门别类等功能，对于在线管理植物园图库非常实用。系统根据照片文件名提取信息，自动将照片与植物个体信息建立联系，方便园丁对植物个体的管理。

活植物物种树根据 APG Ⅳ 分类系统和活植物数据库数据实时生成植物园活植物分类树，同时将植物个体信息连接到分类树叶节点上。

系统实现了二维码的一码两用功能，非登录用户扫码可浏览植物的科普介绍；登录用户扫描可登记植物个体物候观测、生长状态、管理事件等信息，同时可拍照上传系统。

数据实时统计功能是系统根据当前数据库数据向用户实时反映植物园综合物种情况、每个年度引种情况、活植物引种途径和地区情况、专类园种植情况、引种人引种量，最终采用可视化展示让统计结果一目了然。

信息搜索功能支持专类园搜索和引种搜索，只需要在搜索框输入关键词，系统自动完成专类园搜索；选择搜索引种信息，然后点击搜索按钮，就会进行全表搜索。

（2）植物日常养护和监测 APP——"园丁笔记"

为了方便植物养护人员在工作现场随时记录植物个体的生长状况、物候观测、养护事件，我们开发了针对移动设备使用的 APP——"园丁笔记"。植物养护人员可以使用该 APP 将园内植物个体的表型参数、生长状况、养护事件、物候观测等信息即时记录，信息形式包括文本、音频、图片、视频等。此 APP 支持离线使用，在线可同步到活植物信息管理 Web 系统。现场匆忙记录的信息可以随后在移动设备或活植物信息管理 Web 系统上进行管理、上传、检索、更新等操作。此 APP 为植物养护人员更好地管理植物和记录信息提供了良好的辅助。

（3）植物材料采集申请审核——微信小程序

这是活植物信息管理与现代软件技术的一次结合，科研人员操作起来也不会陌生，申请植物材料变得方便、快捷，对于管理人员来说，不仅减少了工作量，还可以查阅审核进度，方便沟通申请人及审核人，申请人、审核人、部门采集联络人等的每项操作都会有短信提醒下一项操作的负责人，保证最快时间完成审批和采集。申请人在小程序内可以查询数据库内的引种物种信息及数量，登记号内个体全部死亡的物种将不显示在搜索结果中，保证搜索到的物种有活体存在。模糊搜索或者科属搜索都能提供登记号、物种数、品种数及个体数量的统计。

3.4.3 文章与软件著作权

（1）文章

- 高燕萍，陈建平（通信作者），黄姝博，王正伟，郭莉. 上海辰山植物园活植物信息管理体系和应用开发 [J]. 中国植物园. 2017，157-163.

（2）软件著作权

- 园丁笔记移动应用软件 V1.0，2016SR150353；
- 园丁笔记移动应用软件（iOS 版）V1.0，2017SR053593；
- SBG 植物园活植物信息管理系统 V1.0，2016SR153359；
- SBG 植物园活植物信息管理系统 V2.0，2019SR1258482；
- 园丁笔记移动应用软件（iOS 版）V2.0，2019SR1261827；
- 园丁笔记移动应用软件（Android 版）V2.0，2019SR1257942（图 3–31）。

图 3–31　软件著作权证书

（3）上海辰山植物园活植物管理系统用户手册

具体见附件 5。

3.5 活植物管理的提升

3.5.1 活植物管理系统的功能完善

尽管辰山的活植物管理数据库能满足我们的日常管理需要，但是以下功能需要进一步升级改造：

（1）植物名称数据库

活植物管理系统内的物种库现有植物拉丁名 27 万条，但当导入数据库内的拉丁名为异名时，系统不能自动匹配目前修订的学名。需要增加全球物种名录，并将已知的学名、异名整合到数据库内，也需要将物种的各种中文名整理入库，最后整合民族植物学内容，将各民族不同的叫法都纳入物种库。

（2）引种人员档案库

参与实际引种的人员往往不止一位，需要将参与引种的人员信息整合到数据库内，通过建立引种人员档案库，记录引种人员的引种事迹，既可以区分因中文名字相同而带来的困扰，也能体现引种人员对于引种事业的贡献。

（3）植物材料采集申请模块

微信小程序已经实现了植物材料的采集申请、审批、下载等功能，应将相应的信息自动对接到管理系统，方便后期对申请表的修改和统计。

（4）非展览区访客登记

植物园是科研人员采样交流的地方，经常有科研人员参观访问苗圃及储备温室，需要扫码填写参观人员的信息和访问事由，记录参观性质。

（5）多分类系统数据库

目前数据库内使用的分类系统为最新的 APG Ⅳ 系统。在国内，一些科研院所或者植物园使用恩格勒分类系统、哈钦松分类系统、克朗奎斯特系统等。需设计功能自由切换分类系统，满足不同分类系统的使用需要，也便于对比不同分类系统的差异。

3.5.2 新功能模块的开发

（1）活植物管理系统野外数据处理模块开发

目前所有参与野外活植物引种工作的人员需要每天拍照记录植物，用手机软件或仪器记录 GPS 轨迹，再通过软件匹配，将植物与经纬度和海拔信息关联。此过程颇为复杂，大大影响了采集信息的整理，而且引种照片凭证各自保存，无法共用。

活植物管理系统对活植物的管理始于植物进园，这样就缺乏对引种植物原生境、伴生种、花果颜色等信息的记录。因此需要开发新功能，既可以对接活植物管理系统，又有利于野外引种信息的快速整理、凭证照片的快速分享及物种鉴定等。引种人员只需要将野外采集过程中拍摄的照片、记录的轨迹上传到新功能模块，即可以完成经纬度的自动匹配；引种人员在数据库内整理照片，将采集号、花果期等信息及时补充完整。新功能模块将专科专属物种照片推送给对应类群的专家，专家可以在线进行物种的初步鉴定。经以上过程实现引种信息的自动整理，可下载引种信息用于申请引种登记号。

（2）植物栽培管理知识库功能模块开发

该模块涉及植物的栽培养护知识，可以积累和提供全面的养护技术和方法。日常养护过程中，园丁会遇到各种各样的栽培养护问题，他们通过查询或咨询专家将实际问题解决，这一过程是很宝贵的资料。植物栽培管理知识库可以将栽培养护过程中遇到的各种问题整理记录好，用于积累工作经验并对外提供养护咨询。

（3）活植物管理系统在线平台建设开发

上海辰山植物园与世界各国的植物园保持密切联系。一些植物园，尤其是"一带一路"沿线国家植物园，由于缺乏相应的项目支持，无法开发或购买使用活植物管理系统，因此对该系统的需求强烈。上海辰山植物园目前的活植物管理系统是基于本地服务器的定制在线管理平台，为了满足其他植物园了解和使用辰山活植物管理系统的需求，辰山计划开发基于云服务器的通用在线活植物管理平台，同行注册后即可以在线上平台管理活植物信息，可选择植物信息保密或共享。

小结

辰山活植物的管理和引种收集经过 11 年的摸索，逐渐走上正轨，在如何开展工作上有以下几点感想：

1. 从制度上保障活植物管理的开展和植物引种工作的进行。辰山规章制度明确要求引种的活植物必须经过植物信息组的验收确认，植物信息组要求在苗木验收之前将引种信息上传至数据库，审核通过后生成登记号，再携带具有登记号的苗单到现场验收苗木。这样操作的优势在于：

（1）能及时将引种信息导入数据库，避免后期再去找引种人追讨引种信息。

（2）可以有效避免将没有栽培品种学名的园艺观赏植物引种到植物园。由于栽培品种后期鉴定非常困难，原则上没有具体品种学名的植物不允许进入植物园。

（3）引种信息导入后，在审核过程中对引种植物的学名进行校对，确保进入数据库的拉丁学名正确无误。

（4）验收过程中可以将苗木的实际生长状况统计出来，确保引种植株质量。

2. 需配备专职管理人员负责管理和维护活植物管理系统。管理人员要有植物学、植物分类学等专业知识，能够审核拉丁学名，去专类园配合负责人做植物清查工作；还要熟练使用 Excel 等办公软件，能够操作专有软件实现个体铭牌的批量打印。

3. 园区乔灌木必须完成个体挂牌，只有这样才能实现园区物种分布图、物种科属统计、珍稀濒危物种统计等工作。特别是植物物候记录工作更需要个体记录，多个体的物候记录能形成更加准确的物种物候，能可靠地对未来花果期进行预报。

4. 精确定位与区域地块化管理并不矛盾。精确定位适合园区个别具有特殊意义或者标志性的个体，不适合园区全覆盖，精确定位耗时耗力，及时更新困难，有位移偏差，在地图上显示也会消耗内存，点位要有保留地对外开放，否则不利于珍稀濒危植物的保护。人员和经费有限的植物园更适合区域地块化管理，只需要将园区按道路、河道、专类园、建筑等划分区域，给予一定的区域代码，在做定位时只需要填入种植区域代码，不需要去测量经纬度；当植物栽种位置发生变化的时候，只需要第一时间在数据库内变更栽培位置，即刻就能更改栽种地块；可以与园区航拍图结合，只需要将航拍图与地块匹配，当想要了解植物在园区内的分布时，就可以直接显示栽种地块。

5. 草本植物的个体铭牌是一个"群体铭牌"。植物园中的草本植物往往丛植，没有必要区分出单一个体，按照群体管理方便易行。"群体"可以是一片、一块、一盆、一条、一丛等。

6. 引种信息不全或丢失的植物要分配景观苗木登记号和个体号。景观苗木登记号按物种分配，实现园区植物个体铭牌全覆盖。形式为 L（Landscape 首字母）开头加四位流水编号，个体号为景观苗木登记号加个体序号。当引种信息补充完整或找回后，遂将景观苗木登记号变更为 8 位数字的引种登记号，并生成个体号。登记号变更前的物候记录、养护事件等信息即刻同步到新的个体号，不会因为个体号的变更而丢失。

7. 物种学名校对依赖数据库的健全。目前辰山活植物管理系统内整合了 The Plant List（TPL）、英国皇家园艺学会（RHS）、中国植物志（英文版）（FOC）等权威网站的拉丁学名和品种学名，共计 276783 万条。在日常审核过程中，数据库内没有的学名可以一键添加，充实物种数据库，让日常审核更轻松。

8. 将活植物管理系统、园丁笔记 APP、微信小程序相结合，可实现功能全覆盖，信息实时更新。园丁笔记 APP 可以在园区操作、上传和更新；小程序可以实现手机在线审批操作，每步审批流程都有短信提醒，能使植物材料采集申请可视化，便于了解采集进程，同时管理系统可对申请单进行内容编辑补充，使统计数据更准确。

9. 数据库内的所有操作形成日志，方便植物溯源。操作日志可以了解植物的栽培位置变更、植物花果期时间、鉴定历史、养护历史等，个体植物死亡的时间和去向也可以追溯。

参考文献

［1］黄姝博. 美国公园植物信息管理对中国植物园的启示［J］. 现代园林，2016，13（07）：573-578.

［2］E. 莱德雷，等. 达尔文植物园技术手册［M］. 靳晓白等译. 郑州：河南科学技术出版社，2005.

［3］高秀梅，贺善安，顾姻，凌萍萍. 南京中山植物园活植物信息管理子系统［J］. 植物资源与环境，1996（01）：43-47.

［4］王秋玲，陈彬，王文全，张昭，李标，魏建和. 中国药用植物种质资源迁地保护信息管理系统设计与实现［J］. 中国现代中药，2017，19（09）：1207-1210+1232.

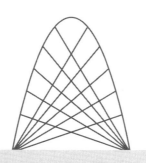

第 4 章

辰山植物园活植物
的收集、利用及
后评估

洪德元院士在 2016 年的上海辰山植物园学术委员会年会上提出植物园的使命应围绕"引种收集了哪些，培育开发了哪些，挽救了哪些"。辰山在"三个哪些"的指导下，依托活植物收集开展工作，在植物种质资源创新和植物保育上取得一些进展，同时形成了具有辰山特色的科研方向、科普活动和园艺展览，筛选推广新优植物品种，为国际、国内相关机构和社会大众提供种质资源服务，获得了业内肯定和社会认可，形成了辰山品牌。

4.1　活植物的收集和利用

活植物收集是辰山其他工作的基础和保障。开园至今，辰山依托活植物收集，将兰展、月季展、睡莲展、自然生活节等成功打造成国内外游客翘首以盼的园艺展览；春花展（樱花、木兰、海棠、梅花等）、牡丹展、鸢尾展、多肉植物展、食虫植物展、蕨类展等小型展览精彩纷呈；温室、矿坑花园、蔬菜园、岩石药用园等更成为游客的心之所向。科普活动中"餐桌上的水八仙""走进食虫植物""雨林探秘""餐桌上的香料植物""探秘荷叶效应""无花之果"等大量话题和活动都密切结合和使用了活植物收集。科学研究方面，经过 10 多年的梳理与调整，逐渐形成了不同方向的研究团队，在芍药科、兰科、旋花科（Convolvulaceae）、唇形科鼠尾草属和黄芩属（*Scutellaria*）、石榴属（*Punica*）、蕨类等专类植物的研究上形成特色。

4.1.1　唇形科植物收集

以鼠尾草属和黄芩属为主的唇形科植物收集是辰山植物园的特色收集之一，具有丰富的物种资源、广泛的利用价值、极高的园艺价值和突出的科学研究意义。近千种的鼠尾草属是唇形科最大类群，该属多样性丰富、生态幅广、适应性强，在观赏、药用、化妆品、食品等领域有着广泛利用。我国鼠尾草属资源较丰富，观赏性及生态类型多样，但其园艺观赏价值的研究却刚刚起步，许多潜在的优良品种资源有待系统的开发和利用。鼠尾草属相关的科学研究近几年向阐明该属的物种形成、系统学、进化、代谢和生态学等多领域深入，丹参（*Salvia miltiorrhiza*）是少数几个已全基因组测序的药用植物之一，在次生代谢生物合成和调控领域成为模式材料。因此，无论从种质资源丰富程度、园艺和科研价值的角度，还是结合辰山植物园的主要科研方向——药用植物代谢与健康的角度，唇形科植物（以鼠尾草属和黄芩属为主）作为辰山活植物收集和引种的目标都是恰当、清晰、明确的。辰山目前重点关注鼠尾草和黄芩活性成分的次生代谢特征，还开展了两个类群的植物资源调查、引种保育、传粉生物学、系统学等方面的研究，建立了物种信息和种质资源数据库，以期对它们多样性的形成有更全面而深入的认识，从而更有效地保护其资源，实现可持续发展。

（1）活植物收集成果

上海辰山植物园的唇形科植物收集工作开展已十余年。活植物收集已取得如下成果：

- 截至 2019 年 12 月，累计调查我国 25 个省、市、区 1128 个分布点的鼠尾草居群；引种活植物 132 种 10000 余株，其中中国原产物种 73 种，国外物种 59 种。
- 2016～2019 年，黄芩属野外调查收集 28 次，累计调查 65 个分布点，引种中国原种 57 个编号，22 种，690 株，目前保存的活体 37 个编号，21 种，194 株。目前保存的种子 5 个编号，2221 粒，4 种［钝叶黄芩（*Scutellaria obtusifolia*）、韩信草（*Scutellaria indica*）、半枝莲（*Scutellaria barbata*）、黄芩（*Scutellaria baicalensis*）］。
- 记录观测物候的物种 114 种。
- 目前保存唇形科植物 474taxa。
- 2016 年获批建立国家林草局上海市唇形科植物国家林木种质资源库。

（2）科研应用

围绕重点引种的植物类群，开展了分类学、系统进化和物种形成、传粉生态学、活性成分及代谢途径等方面的研究工作，同时还开展了以中国原产鼠尾草属为核心种质的杂交育种工作，深入挖掘该属的园艺和药用价值，实现可持续利用，详见表 4-1。

辰山唇形科植物收集的科研应用　　　　　　　　　　　表 4-1

研究领域	研究内容
分类学和资源调查	完成了 40 个物种的模式产地调查；全国主要标本馆馆藏鼠尾草标本的整理、核对与鉴定，国产物种原始发表文献和描述整理工作正在进行中；完成了 60% 物种的形态解剖和测量，上述工作为中国鼠尾草属的分类修订奠定基础。对横断山和武陵山地区鼠尾草资源的系统调查结果表明，该区域的物种多样性可能被低估，目前已发现新物种 2 种，潜在新种若干
系统进化研究	完成 110 个物种的叶绿体基因组测序，构建完整的叶绿体基因组进化树和基于 ITS 的核基因树，结果表明鼠尾草属内可能存在频繁的自然杂交现象
传粉生态学研究	完成了南丹参（*Salvia bowleyana*）、舌瓣鼠尾草（*Salvia liguliloba*）、栗色鼠尾草（*Salvia castanea*）、黄花鼠尾草（*Salvia flava*）、橙色鼠尾草（*Salvia aerea*）和荫生鼠尾草（*Salvia umbratica*）的传粉特征和繁育系统研究，为深入理解该属的物种形成与多样性维持机制奠定基础。研究首次发现了唇形科中的延迟自交现象；南丹参和舌瓣鼠尾草的生殖隔离机制得以阐明；栗色鼠尾草与黄花鼠尾草的物种共存和自然杂交现象正在研究当中

続表

研究领域	研究内容
鼠尾草和黄芩的代谢研究	完成了 60 个物种的脂溶性二萜和水溶性酚酸类物质的定量分析，目前能够定性检测的化合物共计 300 余种。代谢研究方面，重点对丹参中的萜类和酚酸类物质的生物合成及调控、鼠尾草属植物的转录组学和代谢组学以及萜类和酚酸类的基因工程与合成生物学进行系统研究。以黄芩为研究材料，发现两条黄酮合成途径，分别存在于地上部分和根中，完成黄芩全基因组测序，占预估基因组的 94.73%，共注释了 28930 个基因，上述工作完整解析了黄芩素和汉黄芩素的合成途径，为合成生物学异源合成这种物质提供了基础
资源评价和杂交育种	基于已分析物种的活性成分、引种栽培适应性以及观赏性、抗逆特性，综合评价引种鼠尾草的潜在利用价值。基于属内种间遗传相容性高的优势，通过人工杂交选育，将优良性状定向组合，获得具有多种抗性特性和高含量活性成分的种质资源，为开发利用鼠尾草的园艺和药用价值奠定基础。目前已利用 47 个物种得到 261 个杂交后代组合，具有较高观赏性和潜在利用价值的杂交后代有 35 个。与中国农科院合作完成《鼠尾草属 DUS 测试指南》的编撰，以推动国产鼠尾草属资源的利用与保护

（3）园艺应用

在辰山的中心专类园区域，以"植物与健康"为主题，建成 5.1hm^2 的药用植物园，包括了鼠尾草园、本草园、香草园、芍药园 4 个园中园。该园立足华东植物区系，突出地方特色，追求多样化配置，主要展示对人类生活影响较深的、注重养生保健的、现代研究前沿的药用植物。鼠尾草园作为专类植物的重点展示园，占地面积 3000m^2，以自然风格为主，突出多样性和世界性分布，重点展示了分布于美洲、欧洲和亚洲等地的鼠尾草属植物 300taxa，结合科研、科普及园艺展示，介绍其独特的观赏、食用、药用及科研价值，为大众认识植物、了解自然、保护生态开启一扇窗。

参加第十届中国花卉博览会，送展展品［霓虹三色］药鼠尾草获金奖，阿兹维亚鼠尾草（*Salvia azurea*）获银奖，［金叶］凤梨鼠尾草（*Salvia elegans* 'Golden Delicious'）获铜奖，［蜜桃］樱桃鼠尾草（*Salvia greggii* 'Peach'）获优秀奖。

（4）科普应用

主要用于辰山植物园闻香识植物类的科普活动，如研学课程《走进迷人香氛》。

（5）种质资源服务

为了发挥植物资源的更大价值，我们与国内外科研院所，包括英国爱丁堡植物园、德国汉堡植物园、澳大利亚墨尔本植物园、中科院昆明植物研究所、浙江理工大学、中国农科院等单位建立了合作研究、资源共享和材料交换机制，为国内外科研机构累计提供唇形科材料共计 20 余次（含 92 种，1279 个样本），用于分子鉴定、系统

图 4-1　辰山的丹参收集（黄艳波　摄）

发育、有效成分、代谢合成和杂交选育等研究。资源共享进一步拓宽了合作渠道，扩
大了资源的利用范围和领域，同时服务更多机构开展科学研究。

（6）推广应用

在鼠尾草研究成果的基础上，积极探索合理有效的方式将科研成果转化并服务于
社会。在浙江上虞建立了院士工作站，为当地的丹参栽培提供技术支撑。2019 年 12
月，中国产学研合作促进会成立了中国丹参产业技术创新战略联盟，辰山植物园作为
全国较早开展丹参及其资源收集和利用的机构（图 4-1），有幸成为理事单位，由辰
山植物园陈晓亚院士担任联盟专家委员会主任委员、魏宇昆博士担任副主任委员，将
发挥辰山植物园独特的资源和人才优势，为药用植物的研究和成果转化尽一份力。

（7）成果产出

发表相关文章 28 篇，详见附件 4。

（8）收集策略

在 2021 ～ 2030 年将继续对喜马拉雅山脉两侧，包括印度、尼泊尔、不丹、缅甸
区域，横断山脉地区以及唇形科模式产地的物种进行补充引种。在现有基础上，新增

鼠尾草属植物 100taxa，黄芩属植物 90taxa，其他唇形科植物 200taxa，唇形科植物总计新增引种 390taxa 左右，届时唇形科植物收集将达到 870taxa。

4.1.2 凤梨科植物收集

凤梨科植物主要分布于美洲热带及亚热带地区，仅一种分布于非洲，共有 75 属 3500 余种。除巴西、厄瓜多尔等原产国外，以美国、澳大利亚以及英国、比利时、法国等欧洲国家收集较多，另外还有泰国、日本以及我国台湾地区等。比利时和荷兰拥有全球最大的观赏凤梨种苗公司，在观赏凤梨育种及产业化方面走在世界前列。国内植物园中，除上海辰山植物园外，上海植物园、北京植物园、中国科学院西双版纳热带植物园、华南植物园、深圳植物园以及厦门园林植物园等均有收集。

（1）引种历史

上海辰山植物园从 2010 年起开始引种凤梨科植物，可以分为三个阶段，具体见表 4-2。

辰山凤梨科植物收集情况　　　　　　　　　　　表 4-2

阶段	详情
第一阶段 建设期（2010～2012年）	为配合辰山植物园展览温室建设，大量引种凤梨科植物，用于展览温室建设。主要引种来源地为上海植物园，另外有一部分来自澳大利亚。2010 年引种 3 个批次，共计 656 个号，649taxa，3971 株；其中澳大利亚 66taxa，584 株。2011 年引种 4 个批次，共计 4 个号，4taxa，27 株，皆来自上海植物园。2012 年引种 3 个批次，共计 354 个号，354taxa，1025 株，皆来自上海植物园。由于该阶段处于展览温室建设时期，大量植株被用于展馆布置，且有多次移动等现象，造成一些种类丢失、死亡，及品种混淆的情况。截至 2015 年 8 月，仅剩余 680taxa
第二阶段 维持期（2013～2014年）	2013 年引种 2 个批次，共计 13 个号，13taxa，其中苗 32 株，种子 2 份。2014 年引种 1 批次，共计 1 个号，1 个品种，1 份种子
第三阶段 新发展期（2015年至今）	加强了原生种引种力度，引种重点包括铁兰属、卷瓣凤梨属（*Alcantarea*）、尖萼凤梨属（*Aechmea*）、鹦哥凤梨属（*Vriesea*）等，另外还有其他较为稀有的属，在增加凤梨科植物收集数量的同时提升收集的质量。2015 年引种 3 批，共计 52 个号，52taxa，其中苗 30 株，种子 45 份；另有一批历年引种但来源信息不明的植物，于 2015 年整理，因此授予 2015 年的引种登记号，共计 53 个号。2016 年引种 7 批次，共计 197 个号，193taxa，其中植株 1147 株，种子 17 份。2017 年引种 12 批次，共计 240 个号，248taxa，其中苗 2023 株，种子 57 份。2018 年引种 7 批次，共计 218 个号，218taxa，8354 株。2019 年引种 6 批次，共计 107 个号，106taxa，372 株

（2）活植物收集成果

截至目前，辰山凤梨科植物收集保存了 1172taxa，分属于 47 个属，引种来源于美国、泰国、澳大利亚及我国上海、广东、台湾等地，成为国内收集凤梨科植物最多的单位。其中以彩叶凤梨属为主，现有约 300 多个种和品种，也是凤梨资源圃里数量最多的类群，以品种为主，原种较少。最近几年重点加强了铁兰属、卷瓣凤梨属以及一些稀有属的引种，如卧花凤梨属（*Disteganthus*）、峰色凤梨属（*Fernseea*）、赤焰凤梨属（*Sincoraea*）等。原生种的占比也从原先的 30% 提高至目前的超过 50%。另外还收集了凤梨科 3 种食虫植物中的 2 种，分别为管叶小花凤梨（*Brocchinia reducta*）和食虫卷毛凤梨（*Catopsis berteroniana*）。

（3）科研应用

开展以凤梨科抗寒性为主的适应性研究、栽培及繁殖技术体系研究，以卷瓣凤梨属为重点开展杂交育种工作。已完成课题"荷叶铁线蕨、彩叶凤梨、猪笼草 3 类室内观赏植物的栽培繁殖技术规程"，编制完成'唐娜'彩叶凤梨的栽培技术规程；在研课题有"大型卷瓣凤梨属植物的种质资源收集、筛选及应用研究"。

（4）园艺应用

辰山的凤梨科植物收集主要用于温室展区、季节性展示、凤梨主题展览，以及参加园外组织的园艺展览等。

①以观赏凤梨为特色的植物主题展区

分别于 2017 年、2019 年在辰山展览温室的热带花果馆内建设了"凤梨山"和"凤梨谷"景区，总面积达 1452m²，进行凤梨科植物的专题展示。利用原有的假山山体，新增人造枯木及吊脚廊亭、园亭等人文景点，营造一个依山而建的峡谷聚落；假山山洞内改造成凤梨主题雨林缸景观，全方位展示凤梨科植物，极大地丰富了展出植物的种类，成为馆内新的风景线。

另外，为了配合展馆内"热带花果"的展示主题，2018 年，在热带花果馆的最西侧开辟了一片 25m² 的"七彩菠萝园"，常年展示食用和观赏菠萝 10 余个种和品种。

②季节性展示

除了上述区域，凤梨科植物也是热带花果馆主入口等主要观赏区域的主打花卉，并进行季节性更换，每年用于馆内季节性展示的凤梨科植物达 1000 余株。

③凤梨主题展览

2017 年在辰山一号门入口大厅、热带花果馆、珍奇植物馆、沙漠植物馆四大展区，营造了"空中花园""王者盛筵""五彩花境""菠萝一家亲""空凤传奇""绝地逢生""舞动的精灵"等9个特色鲜明的主题景点，进行全方位展示，取得了良好的观赏效果。

④参加园外展览

2017年参加第九届中国花卉博览会，选送的3种凤梨获金奖、银奖和优胜奖各一枚。参加第十届中国花卉博览会，送展作品［优雅］卷瓣凤梨（*Alcantarea* 'Grace'）获特别大奖。

（5）科普应用

开展凤梨科植物主题的科普大讲堂、辰山云赏花、家庭养花系列短视频、园艺沙龙、自然嘉年华等活动，编写"凤梨科植物科普手册"，介绍和普及了凤梨科植物知识。

（6）种质资源服务

截至目前，先后以植物交换的形式为四家单位提供凤梨科植物种植资源（表4-3）。

辰山凤梨科植物与国内其他植物园资源交换情况　　　　　表4-3

单位	提供凤梨（taxa）	提供凤梨个体数（株）	交换年份（年）
南宁青秀山风景区	301	612	2012
深圳仙湖植物园	249	500	2014
南京中山植物园	79	369	2017
杭州植物园	55	258	2017

（7）推广应用

推广卷瓣凤梨属植物在园林绿地中的应用，建成曲阳公园凤梨展示示范点（图4-2）。

（8）成果产出

发表相关文章1篇，详见附件4。

（9）收集策略

未来十年我们将继续提升辰山凤梨科植物收集的数量和质量。全世界凤梨科有75属，辰山已收集47属，并将关注尚未收集到的其他28属的凤梨植物，注重原生种收集；在已有基础上，重点扩充卷瓣凤梨属、果子蔓属（*Guzmania*）、鹦哥凤梨属、尖萼凤梨属、铁兰属等属的原生种收集。计划新增400taxa，届时凤梨科的收集总数将达1570taxa。

图 4-2 上海曲阳公园凤梨展示示范点（照片由李萍提供）

4.1.3 华东沿海岛屿植物收集

华东沿海岛屿范围北起渤海海峡长岛县，南至台湾海峡诏安县，跨山东、江苏、上海、浙江、福建 4 省 1 市，共计 107 个县区级单位。此区域海岛数量庞大，通过前期野外考察和标本查询，统计有原生植物 150 科 872 属 2396 种 39 亚种 158 变种，约占整个华东植物区系维管植物的 30%。由于岛屿与大陆的生境差异，海岛植物的生态型逐步往木质化、肉质化方向演化，以更好地适应强风、干旱、贫瘠的环境，相比于大陆植物，具有适应能力强、繁殖力与传播力高的特点。根据生境相似性引种策略，这些特点使得海岛植物能够在城市环境中更加易于存活，海岛植物有望成为城市园艺绿化的天然种质资源库。

（1）活植物收集成果

辰山自 2005 年开始引种至今，通过采集、购买、交换等形式，从江苏、上海、浙江和福建等地引种华东沿海岛屿植物 131 科 539 属 1201taxa。

（2）科研应用

已完成课题"中国东海北部近陆岛屿生物多样性与重要植物资源迁地保育研

究""东海近陆岛屿南段植物调查及名录编著",在研课题"华东沿海岛屿维管植物多样性专题数据在线工作平台的建设"。

（3）园艺应用

①专类园

华东树木园是辰山面积最大的专类园,占地面积 10.8hm²,重点收集、保存和展示华东植物区系木本植物。目前种植展示 52 科 128 属 300taxa,其中包含华东沿海岛屿植物 33 科 68 属 101 种。

②城市立体绿化应用

利用移动式绿化技术,在辰山一号门设置了面积为 132.5m² 的立体绿墙,使用了 12 种适宜立体绿化的植物,其中大吴风草（*Farfugium japonicum*）、佛甲草（*Sedum lineare*）就是华东沿海岛屿植物。

③辰山山体乡土树种种植

辰山山体位于上海西南郊区呈"群岛"状分布的佘山地区山脉链上,属于天目山脉余脉。气候类型属于亚热带湿润季风气候和亚热带常绿阔叶林北缘区[1]。在 20 世纪 50 年代,辰山植被由于采石曾被人为破坏,表层岩土几乎裸露。20 世纪 60 年代开始在辰山上人工种植枫香（*Liquidambar formosana*）和刺槐（*Robinia pseudoacacia*）等。20 世纪 90 年代在朴树疏林内栽种秃瓣杜英（*Elaeocarpus glabripetalus*）[2]。经过多年的封山育林和自然演替,山体植被群落郁闭度较高,物种的丰富度受到草本植物的影响,占总数的 49.56%,木本植物以落叶阔叶植物在种类上占优势[1]。在开园前,为了提升山体物种多样性,改善林相结构,栽种了全缘冬青（Ilex integra）、舟山新木姜子（*Neolitsea sericea*）、红楠（*Machilus thunbergii*）、普陀樟（*Cinnamomum japonicum* var. *chenii*）等华东沿海岛屿植物,目前这些植物都已经在山体形成群落,逐步发展壮大种群。

（4）种质资源服务

辰山引种团队曾开展针对普陀鹅耳枥（*Carpinus putoensis*）濒危机制的研究,收集了大量的种子,随着逐年播种,幼苗数量越来越多,因此与杭州植物园、合肥植物园开展种质资源交换。

与厦门市园林植物园开展种质资源交换,包含华东沿海岛屿植物 4 种。

（5）推广应用

推广海岛植物的城市园艺应用,于 2016 年 6 月设计完成了漕河泾开发区（松江园区）400m² 绿墙项目（图 4-3）,使用植物 9taxa,示范了华东沿海岛屿植物大吴风草和络石（*Trachelospermum jasminoides*）的垂直绿化应用。

图4-3 漕河泾开发区（松江园区）绿墙项目（邢强 摄）

（6）成果产出

发表论文4篇，出版专著1部，详见附件4。

（7）收集策略

未来将基于前期的调查，重点进行海岛活植物、种子等资源收集与开发应用，并针对海岛与大陆间植物分布和形态的差异开展研究。计划未来十年新引种海岛植物500种，届时华东海岛植物的收集将达1250种。参考国家资源平台，建立起具有海岛植物特色的种质保存、交换和服务体系，筛选适应城市环境的海岛植物，为上海城市绿化建设服务。

4.1.4 兰科植物收集

全世界兰科植物约有800属30000种和近20万个人工杂交种，随着科研工作和育种工作的深入，这一数字还在不断上升。兰科植物是被子植物中的第二大科，具有极高的物种多样性。从喜马拉雅山麓到婆罗洲的雨林，从西伯利亚的河岸边到乞力马扎罗山的冰川下，从落基山脉到亚马逊平原，都能寻觅到兰科植物的踪迹。兰科植物多附生，也有地生或腐生，单花或多花，花色多彩，花形变化多样。世界各国人民对兰花持有很高的热情，进而推动了兰花的品种培育等各项研究工作。

全世界有数百个兰花团体，其中比较著名的是英国皇家园艺学会、美国兰花协会、日本兰花栽培者协会。协会成员有爱好者、种植业者和植物园。国内收集兰科植物以植物园和爱好者为主，其中收集较多的植物园，如西双版纳热带植物园收集460余种、上海植物园500余种、北京植物园880余种以及深圳仙湖植物园等都有兰科植物的专类收集工作。国家层面也十分重视兰花的保护和可持续利用，目前有深圳梧桐山国家兰科植物种质资源保护中心和中国野生植物保护协会兰科植物保育委员会、广西雅长兰科植物国际级自然保护区等。

（1）活植物收集成果

目前，辰山保存兰科植物207属902taxa。引种地遍布中国各省市和地区，如北京、福建、广东、广西、贵州、海南、湖北、湖南、江西、陕西、上海、四川、台湾、西藏、香港、云南、浙江、重庆等。其中兜兰属（*Paphiopedilum*）、兰属（*Cymbidium*）、石斛属、石豆兰属（*Bulbophyllum*）、蝴蝶兰属（*Phalaenopsis*）的种和品种数量位列前茅。

（2）科研应用

辰山兰科植物研究领域包括兰科植物谱系地理与保育遗传学研究、兰科植物传粉生物学研究、兰科植物资源评价与种质创新以及兰科植物共生真菌多样性。目前主要开展的工作有：贝母兰属（*Coelogyne*）和虾脊兰属（*Calanthe*）的谱系地理和保护遗传学研究、兜兰属物种的传粉生物学及系统进化研究、白及属（*Bletilla*）物种的组培及种质资源创新、白及属物种共生真菌多样性及其在碳氮循环中的作用。

（3）园艺应用

①辰山国际兰展

作为华东地区收集兰花品种多而全的大型综合植物园，辰山自2013年开始举办"上海国际兰展"，并在国内开创了兰展与媒体结合的新模式，创下了近28万人参观的纪录。从2014年开始，每两年举办一次，迄今举办的4届兰展吸引了数十个国家的兰花从业者前来布展与参赛，主题和创意别致时尚，内容丰富多彩，活动贴近民生，已经为近100万游客提供了欣赏世界兰花的机会，取得巨大的社会效益。

②兰花主题日常展示

辰山丰富的兰科植物种类日常主要集中在"珍奇植物"温室展示，主要景观有"兰花墙""直角榕兰花角""兰花个体展示区"等区域。

③白及露地栽培应用

白及（*Bletilla striata*）是上海原生兰科植物，是为数不多的可露地栽植的兰花。在辰山室外园区，将白及种植于竹林下与河岸边，打造以白及为主题的混合花境，拓展白及的园艺应用。

④参加园艺展览

辰山多次参加各类园艺展和兰花展，具体有：

2012年9月，参加沈阳国际兰花大会，获银奖2枚、铜奖3枚、佳作奖4枚；

2013年3月，参加首届上海国际兰展，获金奖1枚、银奖4枚、铜奖4枚、佳作奖20枚；

2014年3月，参加第二届上海国际兰展，获金奖1枚、银奖2枚、铜奖2枚、佳作奖2枚；

2015年2月，参加北京第四届中国兰花大会，获全场总冠军、银奖1枚、铜奖1枚；

2016年3月，参加第三届上海国际兰展，获全场总冠军、铜奖1枚、佳作奖5枚；

2021年5月，参加第十届中国花卉博览会，获金奖2枚、银奖2枚、铜奖2枚、优秀奖1枚。

（4）科普应用

①普及兰花评审和鉴赏技术

在建立国内比较完善的兰花评审和鉴赏技术体系方面，辰山兰科保育团队担当主要角色。2018年3月出版了专著《兰花的鉴赏与评审》，包含兰花的基础知识和兰花评审背景、国内外知名兰展和兰花团体概况，并对国际知名兰花团体和兰展评审方法着重介绍，展现不同兰花评审的情况。举办了3届"兰花鉴赏与评审"培训班，促进了全国100多名兰花从业者和兰花爱好者的交流和学习。

②其他科普活动

在历届辰山国际兰展期间举办兰科植物主题的科普活动、专业导览和培训讲座等。2019年参加了由阿里巴巴公益基金会、桃花源生态保护基金会联合推广的第四届自然嘉年华活动，设置兰花摊位，由专业人员向游客展示和介绍兰科植物，并辅以海报、兰花产品展示，以及科普手册和明信片的分发。2020年新冠肺炎疫情期间，辰山也通过"辰山云赏花"的系列直播活动向公众介绍兰花相关知识。

（5）种质资源服务

辰山兰花多样性研究组积极参与武汉植物园牵头建设的中非联合研究中心项目，共同编纂《肯尼亚植物志》兰科卷，多次参与非洲国家，如肯尼亚、坦桑尼亚、马达加斯加等的野外考察，引种收集兰科植物，栽培成功后与武汉植物园进行兰科种质资源交换2次，共计10种植物。

（6）推广应用

辰山在崇明港沿花卉基地建立了2个白及应用示范基地，展示面积达2200m²。

图 4-4 新杂交群中非基音彗星兰杂交群及国际登录证书（倪子轶 摄）

（7）成果产出

出版期刊文章 29 篇、专著 1 部、专利 1 项、新品种 3 个（图 4-4），详见附件 4。

（8）收集策略

我国野生兰科植物保护面临的形势十分严峻，因采集方式和人类活动区域不断扩张，野生资源受到全面性的破坏。保护任务非常艰巨，强化引种保育、迁地保护是迫在眉睫的工作，其意义在于使兰科植物资源得到可持续利用。未来十年，计划新增兰科植物 250taxa，届时兰科收集将达 1100taxa，其中重点是通过对兰科植物的收集保育，系统地开展兰科植物资源的鉴定评价和品种整理工作，为科学研究的顺利开展和产业的健康快速发展提供依据。

4.1.5 荷花收集

荷花，为莲科（Nelumbonaceae）莲属（*Nelumbo*）多年生水生草本植物，目前全世界通过自然变异直接筛选、人工杂交、离子注入和太空辐射等高科技育种手段培育出的品种接近 2500 个。荷花被广泛应用于园林水景中，是重要的挺水植物材料。荷花不仅是中国的传统名花、印度和越南的国花，也是世界上著名的观赏、食用和药用植物，具有十分重要的经济价值和文化价值。

世界上莲属植物原种仅两种：一种是分布于亚洲和澳洲北部的亚洲莲（*Nelumbo nucifera*），另一种是分布于北美和中美洲的美洲黄莲（*Nelumbo lutea*）[3, 4]。据不完全统计，中国有荷花品种1300多个，其次是日本900多个，美国、印度、泰国、越南、澳大利亚等国家有300多个。在国内，荷花资源主要保存在青岛的中华睡莲世界、上海辰山植物园、武汉植物园、华南植物园、北京莲花池公园、南京艺莲苑、宁波莲苑、广昌白莲研究所、古猗园，以及一些荷花爱好者手中。

（1）引种历史

辰山荷花引种起源于举办园艺展。2011年辰山举办了荷花睡莲展，展览前收集了来自广昌白莲研究所、南京艺莲苑、宁波莲苑、青岛的中华睡莲世界、聊城植物园、武汉植物园、华南植物园等地的荷花品种677taxa，其中有确切名称的555taxa。展前于辰山不染桥与游船码头之间种植7个品种，东湖种植50余个品种，其余盆栽展示。展后于苗圃继续保存552taxa，并于2014年移植到荷花资源圃保存至今。后续由于科研和园艺使用，又陆续引进国内外荷花品种，引种总数900taxa。

（2）活植物收集成果

至今，辰山共收集荷花资源900taxa，其中国内资源850taxa，国外资源50taxa。国内引种主要来自青岛、武汉、广州、北京、南京、宁波、广昌等地，国外引种主要来自美国、印度、泰国、澳大利亚等国。

（3）科研应用

科研应用是辰山开展荷花资源收集保育的主要目的。辰山荷花资源圃于2016年10月被国际睡莲水景园艺协会（International Waterlily & Water Gardening Society, IWGS）认证为"国际荷花资源圃"（International Nelumbo Collection）和中国花卉协会遴选的首批37个"国家花卉种质资源库"之一。辰山成为中国首个国际莲属资源圃的依托单位，在国内荷花资源收集数量最多、品种最全、代表性最高。荷花资源的收集和资源圃的建设随同中科院上海辰山植物科学研究中心"观赏植物资源及种质创新研究组"的成立而开始，并一道成长壮大。先后得到上海市绿化和市容管理局科技攻关项目、国家自然科学基金面上及青年基金项目、上海市重点实验室项目、中国科学院河南产业技术创新与育成中心和浙江人文园林有限公司国内企业横向项目等10多个科研项目的经费支持。研究内容涉及面广，包括野生荷花资源的调查和综合评价、中国野生莲资源的分布及多样性、北美地区美洲莲的资源多样性、荷花重瓣化的形态发育及分子机制、荷花花药及附属物的形态发育特征分析、荷花花瓣及附属物颜色的形成机制、荷花花瓣瓣形的遗传发育机理、荷花再生和遗传转化体系的建立、盆栽荷花和切花荷花品种的筛选、荷花鲜切花的采后生理研究、荷花过度施肥的形态生理响应等。此外，还开展了全球荷花品种名称整理分析和国际荷花网及数据库的建设，开发品种智能鉴定识别系统，并负责国际荷花登录工作。

（4）园艺应用

资源圃收集的荷花资源尽管很多，但真正在园区和展览中应用的还不多。除了在水生植物区的东湖和西湖种植 10 多个品种美化景观外，其余资源均在资源圃内，游客很少知道，因此，这些资源尚未充分发挥其观赏价值。2011 年举办了首届辰山荷花睡莲精品展后没有再举办荷花专题展，只是花期来临时在园内或园外广场上摆设一些缸栽荷花进行展示。2019 年配合园内睡莲展挑选部分荷花进行景点布置（图 4-5）。荷花在植物园中的园艺应用还有很大潜力可挖，如开展小型盆栽荷花展、荷花绘画及摄影展、荷花切花艺术、茶文化展示等。

（5）科普应用

荷花不仅十分美丽，而且全身都是宝，并具有深厚的文化内涵，是开展科普教育的良好材料。辰山利用国际荷花资源圃和国家荷花种质资源库的丰富资源开展了若干科普教育活动，如 2011 年举办了首届辰山荷花睡莲精品展，2013 年举办了首届荷花育种及国际登录研讨会，2019 年报道了资源圃少见的"并蒂莲""并雌莲"现象，举办荷花、水八仙主题园艺大讲堂，开发了"餐桌上的水八仙"等科普研学课程。每年的辰山夏令营活动、全国植物分类学培训班等都参观荷花资源圃，老师带队讲解荷花知识。2020 年 7 月 16 日，辰山微信公众号报道了伟人名花'孙文'莲（*Nelumbo* 'Sunwen'）在辰山首次盛开，引起全国性反响，并澄清了全国其他很多地方报道的'孙文'莲并非真品。此外，科研中心观赏植物资源及创新研究组的研究人员每年指导松江一中的高中生以荷花为主题开展"准科学家"科研培训活动，还出版辰山植物园荷花知识科普宣传册发给来园游客。

（6）种质资源服务

辰山十分重视荷花资源的引种和交换，支持兄弟科研单位的物种收集保育和科研科普活动，先后与中国科学院植物研究所、中国科学院武汉植物园、中国科学院华南植物园等 20 多家单位进行种质交换。国外主要从美国马里兰州水生植物园苗木公司、阿拉巴马州十里溪花卉园艺有限公司，以及泰国、澳大利亚、马来西亚等国的单位和

图 4-5　2019 年辰山睡莲展中的荷花景点布置（付乃峰 摄）

个人引种了部分资源，同时为美国、印度、马来西亚、新加坡同行提供了个别研究材料。

（7）成果产出

发表学术期刊论文 19 篇、产业及科普杂志文章 15 篇，国际登录新品种 23 个、专利 2 项，详见附件 4。

（8）收集策略

荷花收集对促进本专类植物的科学研究、科普教育和产业发展意义重大。由于荷花品种繁多，我们将在引种植物的信息核实和名称校对上做更多工作。未来，每年计划引种 30～50taxa，并利用已有荷花资源举办高水平荷花主题展览。

4.1.6　月季收集

　　月季是中国传统名花，中国是世界月季的重要发源地之一。千百年来，月季深受中国人民的喜爱，并成为全世界人民表达感情的重要载体，象征着友谊、爱情、和平、吉祥以及生生不息的活力。随着我国城市化建设进程的加快，月季作为城市景观花卉的重要组成部分，越来越受到人们的喜爱，在园林景观建设中得到广泛应用，促进了经济发展与环境建设相协调。月季作为我国著名的观赏花卉和全国 67 个市的市花，具有极高的观赏价值和经济价值。

　　月季（*Rosa chinensis*）、玫瑰（*R. rugosa*）与野蔷薇（*R. multiflora*）等是蔷薇属（*Rosa*）植物中的不同种。通常所见的月季，大多是 1867 年之后利用中国的月季花、法国以及其他国家的蔷薇、玫瑰等蔷薇属植物经过反复杂交以后育成的现代月季，具有形色俱佳、芬芳馥郁、抗性优良、四季开花不绝等特性，大致分为六大类，即杂种茶香月季、丰花月季、壮花月季、藤蔓月季、微型月季、灌木月季。据美国月季协会记载，目前世界范围内现代月季品种已达 40000 多个。月季专类园则通常指以现代月季为主，结合蔷薇科蔷薇属其他植物形成的花卉专类园，最初发展于欧洲国家，多于 19~20 世纪建立，因此在西方国家有深厚的文化底蕴。全球各地的月季协会、月季爱好者和志愿者，推动了月季花在文化、栽培、育种等多方面的发展。

　　世界月季联合会联合了 41 个国家的月季协会，是在世界范围内推广和传播月季知识与信息的国际性非营利组织。从 1995 年至今，该组织共评选出 25 个国家或地区的 62 个世界优秀月季园[5]。由于不同的建园背景与建园目的，因此各个月季园在设计风格、地域特色及栽培品种上都各有不同。国际著名的月季名园，如德国桑格豪森月季园收集月季品种和蔷薇科植物 8300 余种及品种，日本花卉节纪念公园收集 7000 个品种，意大利卡拉·菲内斯基月季园收集 6500 个

图 4-6　辰山月季专类园（沈戚懿 摄）

品种。国内北京植物园月季园收集 1100 个品种，深圳人民公园 300 个品种，常州紫荆公园 465 个品种[6]。

（1）收集成果

辰山月季引种始于 2007 年，致力于收集月季品种、比较和保存月季种质资源、培育和推广优良品种、观赏游憩、科普教育、传播月季花文化和科学研究。截至目前，辰山月季收集保存 880taxa，引种来源于英国、法国、荷兰等国家和我国嘉兴、常熟、宁波、南阳等地。

（2）园艺应用

①特色专类园

辰山园区设有月季专类园（图 4-6）和月季资源圃，展览面积分别为 6000m^2 和 26000m^2，将收集的月季品种尽数展示。花期从 4 月持续至 11 月，盛花期恰逢"五一"

假期，已经成为辰山最具口碑的景点之一。

②月季花墙

辰山山体北侧种植有长达 1500m 的［安吉拉］月季（*R*. ANGELA（'KORday'））花墙，每年 5 月盛花期时效果震撼。已探索出了一套标准化的养护管理措施，并成功将该品种推广至上海及周边地区园林中应用，使之成为不少街道和社区装点墙体和围栏的主力花卉。

③混合花境种植

由于月季具有花期长、色彩丰富的特点，辰山将不同的月季品种与其他多年生植物搭配成混合花境。这些花境分布于主入口、主游线、矿坑花园等重要位置，吸引游客的同时，拓展和示范了月季的园艺应用手法。

④辰山月季展

2015 年辰山举办了首届月季花展，2017 年举办了国际月季展，2019 年举办了上海月季展，三次展览的举办不仅积累了丰富的办展经验，也吸引了众多合作伙伴共襄盛举，倡导的月季文化也同样深入人心，赢得了广大市民的普遍赞誉。

⑤参加其他园艺展

2012 年代表上海参与了第五届中国月季花展暨三亚国际玫瑰节，获得了第五届中国月季花展月季造景展银奖。

2019 年代表上海市绿化和市容管理局参与了世界月季洲际大会暨第九届中国月季展，获得了树状月季特等奖、金奖和铜奖 2 个，盆栽月季银奖和铜奖。

2021 年参加第十届中国花卉博览会，送展展品［粉扇］月季（*R*. 'Pink Fan'）获金奖，［恋情火焰］月季（*R*. MAINAUFEUER（KORtemma））获银奖，［美国光叶］月季树、［锦粉F1］月季树、［百老汇］月季（*R*. BROADWAY（'BURway'））获优秀奖。

（3）科普应用

辰山开设了月季主题园艺大讲堂，在开园十周年的"辰山云时刻"直播活动中，为公众普及月季知识。

（4）成果产出

发表文章 3 篇，新品种申报 3 项，详见附件 4。

（5）收集策略

辰山将以野生蔷薇资源及适应上海地区的园艺品种为主要引种收集方向，计划在未来十年内新引种 200taxa，届时月季收集将达 1080taxa。筛选培育具有高观赏价值并具有推广应用优势的新优品种。

4.1.7 球兰属植物收集

球兰是夹竹桃科（Apocynaceae）萝藦亚科（Asclepiadoideae）球兰属（*Hoya*）植物的统称，分布地区从印度的西部到玻利维亚东部，北界是中国的南部，南界是澳大利亚。大部分球兰发现于菲律宾和新几内亚。球兰属有 200～300 种，因其叶形花形奇特、色彩丰富，具有较高的观赏价值。此外，球兰对光线要求不高、适于攀援吊挂、病虫害少，使它成为一种非常理想的室内栽培植物[7, 8]。

泰国作为原生球兰资源丰富的国家在其开发和育种方面已形成商业化。美国、英国、荷兰、瑞士和澳大利亚等国家，球兰属植物已经初步形成了产业链。新加坡植物园、莱顿植物园、万叶植物园都有球兰属植物的引种收集工作。现国内可栽培的球兰属植物种类越来越丰富，约有 300taxa，收集于各大植物园及爱好者手中。中国的植物园也开展了球兰属植物的收集，华南植物园收集 600 余号[9]，仙湖植物园收集 131taxa[10]，北京植物园、上海植物园、中国科学院西双版纳热带植物园、厦门园林植物园等都有球兰属植物的专类收集。

（1）收集成果

辰山从 2012 年起开始收集球兰属植物，目前保存 249 号 193taxa629 株，引自泰国，以及我国安徽、广东、广西、台湾、福建等省份和地区。

（2）园艺应用

①球兰主题植物展

2014 年 5 月，在辰山植物园沙生植物馆举办了辰山球兰展，共计展出球兰属植物 80taxa，以个体展示形式为主，配合周边景观配置（图 4-7）。

②日常温室展示

球兰日常展示主要集中在沙生植物温室，依托拱廊和石壁，打造了球兰攀爬茂密的景观，增强了球兰与人的互动性。

（3）科普应用

参加了第四届自然嘉年华活动，以摊位展示、人际互动、海报等形式介绍了球兰属植物的习性、花、叶、果、病虫害等知识。

（4）成果产出

出版专著 1 册，发表文章 3 篇，详见附件 4。

图4-7 辰山展出的球兰属植物收集（李莉 摄）

（5）收集策略

中国球兰属植物约有 32 种，主要分布于广东、广西、海南、云南等地，在西藏、四川也有分布。未来十年，辰山球兰属植物的收集将聚焦国内的原生种，计划新增引种 50taxa，届时球兰收集将达 250taxa，体现球兰收集的保育和科普价值，同时更加系统地开展球兰资源的鉴定评价和品种整理工作。

4.1.8 食虫植物收集

食虫植物是一类不仅能够进行光合作用，还能够捕获并自主消化吸收动物养分的奇异植物，这类植物主要生长于土壤贫瘠，特别是氮元素稀缺的土地上。早在 1875年，查尔斯·达尔文在《食虫植物》一书中，正式记录了其对食虫植物的观察结果。已知的食虫植物超过 600 种，分属 10 科 17 属。

食虫植物自 17 世纪中期就引起了欧美国家的广泛关注，美国、英国、捷克、马来西亚、泰国和澳大利亚等国家的食虫植物发展已初具规模。在英国邱园、巴西里约热内卢植物园、德国法兰克福植物园等植物园均开展了食虫植物引种收集工作，美国加利福尼亚州设立了一个专门的食虫植物园 California Carnivores。近年来，食虫植物在我国也引起了一股热潮，昆明植物园、仙湖植物园、上海辰山植物园、厦门植物园、华南植物园等都对猪笼草等食虫植物进行了收集保育。

（1）收集成果

辰山从 2010 年起，按照温室建设规划，从增强温室植物的观赏性、科普性、独特性的角度出发，开展了食虫植物收集工作，引种的植物主要用于园艺展示。2017 年起，引种开始考虑植物保育目的，引种方向转为以原种为主。截至目前，辰山食虫植物收集保存 9 科 13 属 432taxa20000 余株，分别为猪笼草属（*Nepenthes*）、瓶子草属（*Sarracenia*）、太阳瓶子草属（*Heliamphora*）、眼镜蛇瓶子草属（*Darlingtonia*）、捕虫堇属（*Pinguicula*）、捕蝇草属（*Dionaea*）、露松属（*Drosophyllum*）、土瓶草属（*Cephalotus*）、狸藻属（*Utricularia*）、茅膏菜属（*Drosera*）、腺毛草属（*Byblis*）、布罗基凤梨属（*Brocchinia*）及嘉宝凤梨属（*Catopsis*），引种来源于马来西亚、菲律宾、澳大利亚、泰国、捷克，以及我国台湾、广东、广西、浙江等地。

（2）园艺应用

A．食虫植物主题展示

辰山展览温室珍奇植物馆内，有三个独立的展示缸，以还原食虫植物原生地环境为理念，大量使用了叠石、苔藓、枯枝，搭建精致的云雾雨林、苔原、瀑布等景观，在展示原种及品种的同时带领游客进入真实又虚幻的食虫植物世界，讲述食虫植物的生活环境。为了展区的新颖性，此展区从 2010 年至今已进行了 3 次大型的改建工程，并进行了"魔幻"之食虫植物世界、迷雾森林、婆罗探秘 3 场主题专类植物展。2020 年完成了第 4 次改建，以"天空之城"为主题（图 4-8），展示地点从珍奇植物馆移至热带花果馆的下沉广场。展览面积从原有的 50m² 增至 80m²，同时提升了空间高度，增强了展示的立体性；展示种类由原来的 50taxa 增加到 150taxa；展示形式从展示缸改为步入式，增强了互动性。

B．参加园艺展

2017 年，辰山的猪笼草品种 *Nepenthes*（*ventricosa* × *sibuyanensis*）× *truncata* 参加了第九届中国花卉博览会，获得了展品类（盆栽室内观叶植物）铜奖。

2021 年参加第十届中国花卉博览会，送展展品劳氏猪笼草 × 风铃猪笼草获银奖，花哈密瓶子草获铜奖。

图 4-8 "天空之城"主题食虫植物展示区（沈戚懿 摄）

（3）科普应用

参加了第四届嘉年华科普活动、"辰山云赏花"直播，以辰山食虫植物为主题拍摄的视频在"2017 全国林业科普微视频大赛"中被评为"林业科普优秀微视频作品"。

（4）种质资源服务

为第十届中国花博会提供食虫植物 17taxa150 盆。

（5）成果产出

发表文章 5 篇，详见附件 4。

（6）收集策略

食虫植物栖息地不断被破坏，使物种的保存面临了极大的威胁，亟需保护，且此类植物具有捕食性，有极高的科研及科普价值，因此引种收集工作十分必要。未来十年将以食虫植物原种为主要引种收集方向，并对观赏性强的园艺种进行适量引种，预计新增200taxa，届时食虫植物收集将达630taxa。筛选培育具有高观赏价值的新优品种，并进行推广应用。

4.1.9 蔬菜收集

蔬菜是人类赖以生存的物资，世界各地都有各类蔬菜种质资源的收集和保存。蔬菜收集不仅是农作物研究所和农场的专长，国际上一些植物园中也保存着丰富的蔬菜种质资源。美国纽约植物园的蔬菜园远近闻名，该园集蔬菜、瓜果和香草植物为一体，打造出种类繁多、主题鲜明的自然式蔬菜景观。日本神户努诺比基赫伯花园（Kobe Nunobiki Herb Gardens）里的厨房花园，通过蔬菜和香草植物的混合，打造出精致时尚的厨房花园。法国的维兰德里花园（Villandry Garden）将蔬菜和花卉种植成几何图形，形成规则式蔬菜园。在国内，有几千到几万亩面积的蔬菜种植生产基地，也有各式各样经营模式的蔬菜农场，还有形式多样的各类蔬果博览会，但蔬菜主题的专类园屈指可数，有昆明植物园的全球葱园、合肥植物园的豆科园、西双版纳热带植物园的能源植物及野生蔬菜专类园等。

（1）引种历史

从2011年开始，辰山开启了收集蔬菜品种的旅程。初期收集的植物建立在市场上可食用蔬菜品种的基础上，之后逐步转到具有观赏价值的蔬菜品种。2016年开始聚焦专科专类品种的收集。与此同时，每年收集的蔬菜种类和品种数量都在不断递增，2014年收集20种90个品种，2015年20种130个品种，2016年35种380个品种，2017年42种460个品种，2018年已经增加到74种约500个品种，其中辣椒的品种数量从21个增加到300个。2019年的重心放在蔬菜园改造上，共收集了20种120个品种。此外，上海辰山植物园不仅收集与展示国内的观赏蔬菜品种，自2016年始，也着力于国外，如美国、英国等国家的蔬菜品种收集。

（2）收集成果

十年来，辰山总计收集了216种约1860个品种的蔬菜，涵盖十字花科（Brassicaceae）、茄科（Solanaceae）、伞形科（Apiaceae）、锦葵科（Malvaceae）、豆科、禾本科、旋花科等26个科。大部分蔬菜通过播种、繁殖、养护、筛选后定植在蔬菜园中。

（3）科研应用

蔬菜园定植的众多品种不仅发挥了观赏和科普的作用，部分品类还进一步支持了科研中心的研究。为蔬菜营养代谢、花色叶色形成机理方向提供了丰富的研究材料，如诸多辣椒品种为研究辣椒素的生物合成和代谢调控路径提供了可能；紫背菜为天然有机色素的合成生物学提供了范本；观叶番薯为紫薯花青素的分布和功能提供了研究材料。辰山科研中心旋花科进化组在解析六倍体栽培番薯基因组的基础上，正在利用蔬菜园的众多观叶、菜用、药用等优异品种进一步解析番薯营养价值的遗传机理，致力于培育出更加健康的优良番薯品种。

（4）园艺应用

①蔬菜专类园

辰山蔬菜园分为四个空间相对独立的花园，分别以"缤纷蔬菜园""特色蔬菜园""休闲蔬菜园"和"藤本蔬菜园"为主题。"缤纷蔬菜园"经不同颜色的蔬菜组合搭配形成蔬菜景观的色块或色带，呈现了蔬菜的"视觉盛宴"。"特色蔬菜园"关注上海地区暖季节和冷季节的蔬菜品种，重点展示人们餐桌上较为常见的茄科植物和十字花科植物，如辣椒、茄子、西红柿、西兰花、甘蓝等，呈现了蔬菜的"味觉享受"。"休闲蔬菜园"通过展示不同蔬菜的不同食用部位，如根、茎、叶、花、果等，让人们了解植物的生长习性和蔬菜文化，呈现了蔬菜的"文化感知"。"藤本蔬菜园"以收集藤蔓蔬菜品种为特色，结合蔬菜所含营养素的种类、含量及比例等指标进行科学分类和展示，呈现了蔬菜的"营养价值"。

②秋季瓜果展

每年秋季，选择不同的主题，结合蔬菜起源传播相关的故事进行展示。如番薯展（图4-9），集中展示近缘野生种到栽培番薯的进化历程，金叶番薯、彩虹番薯等观叶品种，天目山小香薯、蜜薯系列等公众喜闻乐见的食用类品种，以及［冰激凌］、［澳洲紫白］等网红品种。展示番薯品种的同时，介绍番薯及旋花科其他近缘种的遗传进化故事。让参与者爱恨交织的辣椒展，除举办辣王争霸赛外，主要展示辣椒、中华辣椒、灌木状辣椒、浆果状辣椒四个物种类型，同时科普辣椒的起源、进化、驯化以及史高维尔辣度等相关知识。瓜果展期间在一号门大厅、儿童园入口等重点区域布置景观小品，使用观赏辣椒、金叶番薯、彩虹甜菜、手捻葫芦、拇指黄瓜等的观赏蔬菜，结合藤编雕塑、稻草、木桶等元素展示。此外，还在辰山的核心区域搭建了百米瓜果长廊，栽培蛇瓜、老鼠瓜、鹤首葫芦、天鹅葫芦、冬瓜、丝瓜等藤本蔬菜，让游客和蔬菜亲密接触，让多彩蔬菜点亮整个秋天。

图 4-9　蔬菜园举办番薯展（丁洁 摄）

（5）科普应用

蔬菜是最具科普价值的植物收集之一。辰山除布置科普展板外，还开展了一系列科普活动，如"疯狂采摘季"，组织社会大众以及亲子家庭采摘蛇瓜、老鼠瓜、向日葵籽等成熟蔬果，借助秋季果蔬传递植物科普知识；"辣王争霸赛"让游客品尝体验各种奇异辣椒品种，决出"年度辣王"，已经成为辰山一年一度的品牌活动；辣椒、向日葵主题的园艺大讲堂也是十一黄金周游客喜爱的科普活动。

（6）成果产出

发表文章 4 篇，出版科普著作 1 部，详见附件 4。

（7）收集策略

未来十年，辰山将侧重于华东地区可食用植物的引种，同时聚焦国内外特色可食用植物及其野生近缘种，计划新增蔬菜种类 500taxa，届时蔬菜类收集将达 2360taxa。丰富蔬菜收集和展示的种类，结合辰山的相关科学研究，讲好蔬菜的科普故事。

4.1.10 绣球属植物收集

绣球属（*Hydrangea*）在 APG Ⅳ 系统中隶属于绣球科，是东亚–北美间断分布向南延伸到热带的一个属。根据中国植物志记载，全世界范围内约 73 种，我国有 46 种 10 变种。原产国外的原种有 21 个，其中日本有 4 种，美国有 6 种，南美有 11 种。

美国、荷兰、法国以及日本在绣球属植物的开发利用及新品种繁育方面走在世界前列。大部分国内植物园都有绣球属植物的收集和应用，应用的主要种类为绣球（*Hydrangea macrophylla*）品种，俗称八仙花。

（1）收集成果

截至目前，辰山绣球属植物收集保存了 298taxa，成为国内收集绣球属种类最多的植物园。原生种目前收集有福建绣球（*H. chungii*）、狭叶绣球（*H. lingii*）、柔毛绣球（*H. villosa*）、松潘绣球（*H. sungpanensis*）、蜡莲绣球（*H. strigosa*）、冠盖绣球（*H. anomala*）、西南绣球（*H. davidii*）等 10 余种，引自浙江、湖北、云南、贵州、福建等地。品种收集近 280taxa，以绣球品种为主，还有圆锥绣球（*H. paniculata*）、乔木绣球（*H. arborescens*）、栎叶绣球（*H. quercifolia*）和马桑绣球（*H. aspera*）的品种，引自美国、荷兰、法国、日本等地。在品种收集方面近几年减少了绣球品种引种，加强了圆锥绣球和马桑绣球品种的引种。

（2）科研应用

开展以绣球（八仙花）耐热性为主的适应性研究、栽培施肥及繁殖技术体系研究，以八仙花为重点开展杂交育种工作；已完成课题"樱花、玉兰、月季、八仙花、木槿的繁殖标准技术规程"中八仙花的栽培技术规程的编制；在研课题有"八仙花种质资源收集及优良品系的筛选应用""氮、磷、钾肥对八仙花苗木质量及开花的影响"。

（3）园艺应用

辰山绣球属植物收集主要用于园区展示、仲夏花展等。

2016 年布置了八仙花主题秀，在南大厅做了室内布景，在矿坑花园花境区域进行室外展示，主要展示绣球各种花色的品种。

2017 年在主游线水杉林下开辟了八仙花展示区，面积 1200m²，种植了近 80taxa 绣球属植物，成为辰山仲夏花展的重要组成部分。

2018 年八仙花展示区面积扩大，种类增多。同时调整了水杉林下的八仙花种类，展示绣球属植物的不同品系，以孤植、小规模片植形式搭配宿根花卉，景观精致（图 4–10）。

图 4-10 八仙花展示区（张宪全 摄）

2019 年开始，将 1500m² 的茶花谷改造为绣球属植物的重点保育及展示区域，主要展示绣球属植物原种。截至目前，茶花谷种植了绣球、圆锥绣球、乔木绣球、栎叶绣球和马桑绣球等 150taxa 以上。

除以上专类展示外，绣球属植物还作为良好的灌木材料应用于园区各处花境，在 5 月底到 7 月份的初夏成为花境中的焦点。

（4）科普应用

开展绣球属植物主题的科普大讲堂、家庭养花系列短视频、园艺沙龙以及上海公园协会举办的植物科普活动，编写"绣球属植物科普手册"，介绍和普及了绣球属植物知识。

（5）种质资源服务

为上海共青森林公园提供了 15 个品种共计 150 株八仙花。

（6）推广应用

推广八仙花在园林绿地中的应用，在金山的新农村建设及崇明花岛建成八仙花植物展示示范区。

（7）成果产出

发表文章 1 篇，新品种申报 7 项，详见附件 4。

（8）收集策略

未来我们将继续丰富辰山绣球属植物的收集，重点放在国内原种的收集。我国有绣球属原种植物 46 种 10 变种，辰山已经收集 10 种，计划在十年内收集达到 30 种；在品种收集方面，重点引进圆锥绣球、栎叶绣球和马桑绣球等抗性和适应性更好的种类，预计新增 100taxa，总品种数达到 340taxa。

4.1.11 芍药科植物收集

芍药科仅有芍药属一个属，下分为 3 个组：牡丹组、芍药组和北美芍药组。其中牡丹组有 9 个种，全部为木本（其余 2 个组为草本），仅分布在中国；北美芍药组只有 2 个种，仅分布在北美洲；芍药组的分布非常广泛，组内有 22 个种，广泛分布于亚洲大陆及非洲西北部，其中中国境内分布有 7 个种，分别为草芍药（*P. obovata*）、多花芍药（*P. emodi*）、芍药（*P. lactiflora*）、美丽芍药（*P. mairei*）、白花芍药（*P. sterniana*）、新疆芍药（*P. anomala*）、块根芍药（*P. intermedia*），以及 2 个亚种分别为拟草芍药（*P. obovata* subsp. *willmottiae*）、川赤芍（*P. anomala* subsp. *veitchii*），主要分布在西南、西北地区，少数种类在东北、华北及长江两岸各省也有分布。牡丹（*P. suffruticosa*）、芍药（*P. lactiflora*）为我国著名观赏花卉和药材，全国不少地区都有栽培，尤以四川（垫江、渠县、中江）、河南（洛阳）、山东（菏泽）、安徽（铜陵、亳县）、浙江（东阳、临安、余姚）最为著名。在我国分布的种类中，多数种类的根、根皮供药用，有镇痉、止痛、凉血散瘀之效。近年，除药用价值和观赏价值外，又开发了油用价值和高值化产品。洛阳、菏泽、北京、亳州、甘肃、扬州等地有众多牡丹、芍药观赏园和产业基地；江浙地区比较有名的牡丹芍药观赏园有江苏常熟尚湖、浙江台州仙居、杭州花港观鱼、盐城枯枝牡丹园、安徽芜湖丫山风景区；上海地区除上海辰山植物园外，上海植物园、新浜牡丹园、秋霞圃、古漪园、醉白池公园等均有收集。

（1）收集成果

近年来，我们的足迹踏遍大部分牡丹产区，通过广泛的引种，建立了国内收集牡丹种类最为齐全的种植资源圃——辰山牡丹资源圃。已收集芍药属牡丹组全部的 9 个野生种。在收集保护野生牡丹的同时，资源圃还大量收集了牡丹的原始品种和栽培品种，充分发挥现有品种的资源优势，如抗逆性较强的'胡红''朱砂垒''胭脂红''紫二乔''胜丹炉'等。园区内牡丹芍药专类园中现种植展示的芍药属植物近200taxa，其中芍药130多个品种，牡丹20多个品种，伊藤杂种29个品种，主要来自日本、荷兰、洛阳等地。

（2）科研应用

利用组学技术开展牡丹基因组、转录组学以及种质资源创新研究，主要包括牡丹全基因组测序、油用牡丹种子脂肪酸积累的分子机制、牡丹天然活性药用成分检测及其代谢途径解析、优良油用牡丹种质资源创新和栽培技术研究等。已完成课题"牡丹单染色体基因组学研究""基于系统组学研究凤丹种子高效积累ALA的分子机理""油用牡丹规模化高值开发关键技术应用""杨山牡丹油用性状的分子机理研究——牡丹种子油脂合成途径中关键基因的鉴定及分析""基于基因组学的油用凤丹种子高产相关遗传位点研究""油用牡丹耐湿分子机制研究"；在研课题"牡丹基因组测序项目""基于RNA-seq方法研究驯化牡丹适应性进化的分子机制""几种药用植物中萜类化合物代谢合成途径的解析与比较""牡丹基因组数据库网站平台开发与建设""凤丹黄酮类天然产物分析及代谢途径解析""基于反向遗传学解析油用凤丹高不饱和脂肪酸含量的遗传基础""基于Hi-C和RAD测序技术构建杨山牡丹染色体分子图谱和高密度遗传图谱"等。

（3）园艺应用

辰山的芍药科植物收集主要用于芍药园、芍药迷宫等专类园展示、迎春反季节催花牡丹展，以及搭配混合花境。

①芍药专类园

芍药园位于辰山核心区，占地面积1.5hm²，由台地式半自然地形围合而成，收集了芍药属代表类群，主要有来自日本、荷兰等国家和我国洛阳等地的中国芍药、欧洲芍药和杂交芍药。现种植展示的芍药属植物近200taxa，其中芍药130多个品种，牡丹20个品种，伊藤杂种29个品种，花期从4月上旬至5月中下旬。全园分为观赏芍药区、观赏牡丹区、伊藤杂种区、功能植物区，以及中心的下沉水花园5个区域，计划引种保育芍药属植物400~500taxa。

②芍药迷宫

芍药迷宫位于芍药园北侧，占地面积约2500m²，以"自然+探索+迷失"为设计理念。园内展示束花山茶2个品种，芍药27个品种以及若干宿根花卉，结合可登高探路的瞭望塔和可供休闲小憩的长椅，形成了空间上的多层次感，让游客既可以登上塔顶一览植物迷宫的全貌，亦可以在花丛中小憩拍照。芍药迷宫作为一种特殊的展示形式，是亲子探险的必游之地，亦是情侣携手同游的佳境，在象征着浪漫爱情的芍药花海中穿梭，别有一番甜蜜滋味在心头。

③迎春反季节催花牡丹展

利用人工控制激素、温度、光照、水肥的综合栽培技术，牡丹品种的花期可以从4月提前至春节期间。牡丹花与中国传统春节的美好寓意十分契合，从2015年至今，辰山已举办过6次迎春反季节催花牡丹展，在一号门大厅、一号门内广场、矿坑花园、热带花果馆等处设置中国风的主题景点，展示反季节牡丹品种，结合屏风、灯笼、对联等元素，烘托春节气氛。

④参加园艺展

参加第十届中国花卉博览会，送展展品获银奖1枚、铜奖9枚、优秀奖3枚。

（4）科普应用

开展芍药科植物主题论坛、科普大讲堂、辰山云赏花等活动。

（5）推广应用

在洛阳、菏泽、铜陵、亳州等地合作推广建立多个油用牡丹的产业化示范基地。

（6）成果产出

发表著作1部、文章12篇，发表专利4项、新品种2项（图4-11），详见附件4。

图4-11　新品种金琉鹤舞（张颖　摄）

（7）收集策略

对分布于中国境内的野生芍药资源和不同栽培基地具有代表性的栽培芍药品种进行引种，建立中国芍药种质资源圃，收集到在中国境内分布的全部野生芍药7个种2个亚种，代表性芍药品种200个。继续引种其他牡丹品种及芍药和牡丹的杂种伊藤系列，筛选适应上海地区耐湿热的芍药科植物，将辰山芍药园打造成集资源收集、引种驯化、新优品种培育、景观展示、科普教育、休闲观光为一体的多功能、多效益的专类园。未来十年，计划新引进芍药科植物200taxa，芍药科植物将达到400taxa。

4.1.12　木兰科植物收集

木兰科植物主要分布于东南亚、中美洲及北美洲东部及南部地区，有16属约300

种。我国有 11 属约 160 种，主要分布于东南部至西南部。目前，全世界木兰科植物品种超过 1000 个，以落叶类的玉兰属（*Yulania*）品种为多，主要集中在欧美国家。木兰科植物在国内很多植物园都有引种栽培，收集较多的有上海辰山植物园、西安植物园、深圳仙湖植物园、上海植物园、华南植物园等，此外，还有具有代表性的民营企业——神州木兰园。

（1）收集成果

截至目前，辰山保存有国内外木兰科植物 11 属 147taxa，包含了大量的珍稀物种，如宝华玉兰（*Y. zenii*）、景宁玉兰（*Y. sinostellata*）、落叶木莲（*Manglietia decidua*）等国家级重点保护野生植物、极小种群、中国特有种，以及特产北美洲的渐尖玉兰（*Y. acuminata*）、北美玉兰（*Y. virginiana*），特产日本的柳叶玉兰（*Y. salicifolia*）、日本辛夷（*Y. kobus*）及星花玉兰（*Y. stellata*）；品种则更为丰富，有英国的邱园玉兰（*Y.* × *kewensis*）品种系列、法国的二乔玉兰（*Y.* × *soulangeana*）品种系列、日本的星花玉兰（*Y. stellata*）品种系列等，以及我国的'重瓣白'玉兰（*Y.denudata* 'Chong Ban Bai'）等新优品种，尤其值得一提的是我国的木兰属和含笑属属间远缘杂交的三倍体新品种系列'红寿星'（*Y.* 'Hong Shouxing'）、'红金星'（*Y.* 'Hong Jinxing'）、'红笑星'（*Y.* 'Hong Xiaoxing'）、'红吉星'（*Y.* 'Hong Jixing'）。

（2）科研应用

开展以木兰科植物耐盐、耐湿热为主的适应性研究、栽培及繁殖技术体系研究，以及玉兰属植物资源分类及综合评价、筛选、培育新优品种，并为城市建设推荐和输送新优玉兰品种。已完成课题"上海辰山植物园特色专类园营建关键技术研究"（木兰园的营建）、"木兰属、木槿属植物种质资源圃建立及种苗规模化繁殖技术研究"及"樱花、玉兰、月季、八仙花、木槿五大类木本花卉的繁殖体系标准技术规程"（编制完成玉兰播种和嫁接育苗技术规程）；在研课题有"华东地区木兰科落叶植物资源调查与分类研究""星花玉兰新优品种筛选、培育及示范""落叶木莲的耐盐性研究、示范栽培及科普宣传"及"花博会特色花卉应用关键技术集成与示范"。

（3）园艺应用

辰山的木兰科植物展示主要集中在木兰园（图 4-12），此外，珍稀濒危园、华东园等也有栽培。每年春季木兰园玉兰盛开是辰山春季花展的重要组成部分，集中展示来自国内外的木兰科植物收集。

图 4-12　辰山木兰科植物专类园

（4）科普应用

开展木兰科植物主题的科普大讲堂、辰山云赏花、户外科普宣传等活动，编写新优玉兰品种推介手册，介绍新优玉兰品种资源。

（5）推广应用

推广星花玉兰（*Y. stellate*）、[贝蒂]玉兰（*Y.* 'Betty'）等矮灌木型玉兰在世博文化公园、崇明智慧生态园进行应用与展示，为第十届中国花卉博览会、上海"四化"树种选育提供新优玉兰及相应配植技术。

（6）成果产出

发表文章 1 篇，申请新品种保护 2 项，详见附件 4。

（7）收集策略

继续加强木兰科植物的收集和筛选工作。加强与国内外的种质资源交流，增加玉兰属植物种类的收集，尤其是矮灌木型玉兰新优品种的引种。同时增加常绿种类的引种，尤其是含笑属（*Michelia*）及木莲属（*Manglietia*）的种类。未来十年预计增加原生种 15 种，品种 150 个，届时木兰科收集将达 310taxa。

4.1.13　海棠类收集

海棠是我国传统的春季木本观赏植物品种，栽培历史悠久，辰山海棠植物收集主要包括苹果属海棠（*Malus*）和木瓜属海棠（*Chaenomeles*）。

苹果属海棠主要分布在北温带，包括亚洲、欧洲和北美洲，全世界约有 35 种，根据《中国植物志》记载，中国约有 22 种。中国是世界苹果属植物最大的起源中心和多样性中心，许多地方还保存着天然的苹果属植物群落，如山荆子（*M. baccata*）主要分布在中国北部至西伯利亚；湖北海棠（*M. hupehensis*）分布在中国泰山以南；毛山荆子（*M. mandshurica*）分布于中国北方、东部及中南部各省；丽江山荆子（*M. rockii*）分布在西南地区；台湾林檎（*M. doumeri*）和尖嘴林檎（*M. leiocalyca*）则分布在华南、华东及西南地区。在 20 世纪初期，许多欧美植物学家从中国大量采集苹果属植物枝条及种子，将它们引种到了西方，通过不断杂交培育出 1000 个以上具有很高观赏价值的海棠品种，称之为'现代海棠'。2014 年，北京植物园成为国际海棠品种登录权威。除北京植物园外，上海辰山植物园、上海植物园、元大都城垣遗址公园、南京莫愁湖公园等都有海棠植物的收集和展示。

木瓜属海棠有 5 种，除了日本木瓜（*Chaenomeles japonica*）特产于日本外，其余 4 种都原产于中国。木瓜属植物在我国分布广泛，许多地方有野生分布和栽培。

（1）收集成果

截至目前，辰山共收集苹果属海棠 72taxa，其中原种 10 种、品种 62 种；木瓜属海棠 33taxa，其中原种 3 种、品种 30 种。引种来源于法国、德国、美国、荷兰，以及我国的山东、北京、云南、浙江等地。辰山已形成了集观赏、科研、科普于一体的海棠专类园。

（2）科研应用

针对观赏海棠植物开展了品种收集和适生性研究、栽培养护技术、专类园营建等关键技术的研究，完成了"上海观果的海棠品种收集和适生性研究"课题的研究。

（3）园艺应用

辰山的海棠园面积约 1.3 万 m²，展示的苹果属植物包括山荆子、丽江山荆子、湖北海棠、三叶海棠、野木海棠、台湾林檎、木瓜、皱皮木瓜等原生种，以及［草莓果冻］

图4-13 ［草莓果冻］海棠与［雪白］皱皮木瓜（虞莉霞 摄）

海棠（*M.* 'Strawberry Parfait'）（图4-13）、［雪球］海棠（*M.* 'Snowdrift'）、［亚当］海棠（*M.* 'Adams'）、［路易莎］海棠（*M.* 'Louisa'）、［绚丽］海棠（*M.* 'Radiant'）、［春雪］海棠（*M.* 'Spring Snow'）、［粉红印迹］华丽木瓜（*Ch.* × superba 'Pink Trail'）、［猩红与金黄］华丽木瓜（*Ch.* × superba 'Crimson and Gold'）、［雪御殿］皱皮木瓜（*Ch. speciosa* 'Yukigoten'）、［雪白］皱皮木瓜（*Ch. speciosa* 'Nivalis'）（图4-13）、［萨金特］日本木瓜（*Ch. japonica* 'Sargentii'）等海棠品种。开园至今不断探索，通过地形改造、植物展示形式调整等，对专类园进行了景观提升，形成了春季观花、秋冬观果的具有特色的专类园。如今海棠园作为辰山春景园的重要组成部分，和辰山樱花、木兰一起成为上海市民春季赏花的胜地。

（4）科普应用

开展海棠植物主题的园艺大讲堂、秋季木瓜海棠采摘等系列科普亲子活动。2020年疫情期间通过网络直播的形式云赏海棠，向游客普及海棠花文化和知识。

（5）成果产出

发表文章2篇，详见附件4。

（6）收集策略

今后我们将不断丰富辰山海棠专类植物收集的种类，依托我国是苹果属海棠和木瓜属海棠的起源和分布中心优势，着力收集我国海棠原生种，目标将我国22个原生种苹果属海棠和5种木瓜属海棠收集齐全并进行保育工作。提升海棠专类园春花秋果的景观特色，重点收集花果俱佳的现代海棠品种，加强与国内外植物园的交流，不断增加观赏海棠品种的收集数量，预计收集品种120taxa，努力将辰山海棠园打造成为华东地区种类收集最多的海棠专类园。

4.1.14 樱属植物收集

樱属植物广泛分布于北半球的温带和亚热带地区，亚洲、欧洲至北美洲均有分布，但主要集中在东亚地区，其中中国西部、西南部及日本和朝鲜一线集中了世界樱属植物的大部分种类。中国、日本、俄罗斯、韩国为樱属植物分布最集中的几个国家，其中我国拥有最丰富的樱属种质资源，全球共有樱属植物120余种，我国约有48种10变种，广泛分布于中国的温带及亚热带地区。除上海辰山植物园外，上海植物园、顾村公园、无锡鼋头渚公园、北京玉渊潭公园、湖南长沙森林公园等都有樱属植物的收集和展示。

（1）收集成果

截至目前，辰山共收集保存樱属植物986株，107taxa，其中原种28种、品种79taxa。引种来源于日本、德国、美国、法国，以及我国的浙江、山东、湖南、安徽、江西等地。

（2）科研应用

针对樱属植物开展了栽培养护技术、繁殖技术、复壮技术、病虫害防治等关键技术的研究，先后完成了"辰山植物园树木生长不良原因分析""樱花、玉兰、月季、八仙花、木槿五大类木本花卉的繁殖体系标准化研究""染井吉野樱（ *C.* × *yedoensis* ）水肥管理技术研究"等课题的研究，编制完成樱花繁殖技术规程、樱花复壮对策等。

（3）园艺应用

辰山樱花园面积约3.3hm^2，展示的樱属植物包括钟花樱（ *C. campanulata* ）、毛樱桃（ *C. tomentosa* ）、圆叶樱桃（ *C. mahaleb* ）、毛叶山樱花（ *C. serrulata* var. *pubescens* ）、迎春樱（ *C. discoidea* ）、尾叶樱（ *C. dielsiana* ）等原生种，以及寒樱（ *C.* × *kanzakura* ）、河津樱（ *C.* × *kanzakura* 'Kawazu-zakura' ）、椿寒樱（ *C.* 'Introrsa' ）、大渔樱（ *C. lannesiana* 'Tairyo-zakura' ）、［八重红枝垂］大叶早樱（ *C. subhirtella* 'Pendula Plena Rosea' ）、［雨晴枝垂］彼岸樱（ *C. spachiana* 'Ujou-shidare' ）、［郁金］山樱花（ *C. serrulata* 'Grandiflora' ）、冬樱（ *C.* × *parvifolia* 'Fuyu-zakura' ）、［嘉奖］樱花（ *C.* 'Accolade' ）、'泰山香'樱（ *C.* 'Taishan Xiang' ）等樱花品种。其中，长达800m的染井吉野樱花大道（图4-14）以及河津樱隧道，花开时节蔚为壮观，赏花游人摩肩接踵。樱花园已成为上海市民最喜爱的赏樱胜地，也是辰山春季花展中最亮丽的名片。

图4-14　辰山染井吉野樱花大道（沈戚懿　摄）

（4）科普应用

除了开展樱属植物主题的科普大讲堂、园艺沙龙等一系列科普活动外，近年来，辰山通过传统媒体和融媒体传播等多种形式，传播樱花知识和赏樱文化，引起了公众的广泛关注，并且受到央媒和地方媒体的高度关注，中央电视台"花开中国"栏目从2017年起就开始播放辰山樱花，CCTV-13央视新闻频道每年都会如约前来采拍报道。

2020年春，受新冠肺炎疫情影响，辰山采取全面闭园措施，为了让市民足不出户就能赏花，辰山自2月11日起开启"云赏花"模式，通过抖音直播为公众分享春意，其中影响力最大的当属河津樱。2月22日，中央电视台以"早樱初绽俏争春"为题，在共同战"疫"栏目对辰山河津樱进行了直播，收看人数达到150万人次。随后，新闻晨报在新浪微博以＃上海辰山云赏花＃为话题开展讨论，乐游上海、绿色上海、上海静安等近20家官媒纷纷转发，阅读量达176万人次。2月25日，新华社来辰山采访和拍摄，视频上传后，新华网、澎湃新闻、人民网微博平台纷纷转发，短短数个小时，仅新华网微博视频播放量就达到685万人次，"上海的樱花开了"微博阅读量达到3.2亿人次，讨论量5.1万人次，一度上了微博热搜排名第六位，各项数据都创下了辰山"历史之最"。2月26日，美联社援引辰山镜头，NBC美国全国广播电台也进行了精美的报道。2月29日，上海电视台新闻综合频道19：00新闻透视专题报道了辰山的河津樱及"云赏花"的巨大影响力。

（5）成果产出

发表文章1篇，详见附件4。

（6）引种策略

未来十年，将重点收集华东区系樱属植物原生种，兼顾樱花品种的收集和展示。将华东地区分布的21个原种全部收集并保育；品种则重点收集早樱品种、晚樱品种以及二次开花的品种，达到100个以上，届时樱花类收集将达200taxa，使樱花园分区更加合理，景观特色更鲜明。

4.1.15　观赏草类植物收集

观赏草是具有观赏价值的单子叶草本植物的统称，通常包括禾本科、莎草科（Cyperaceae）、灯芯草科（Juncaceae）、香蒲科（Typhaceae）、木贼科（Equisetaceae）、菖蒲科（Acoraceae）以及百合科（Liliaceae）部分植物。西方国家对观赏草的应用最早可追溯至维多利亚时期，大多出现在画作中，真正将观赏草作为一种景观材料应用在园林中是在 20 世纪中期，到七八十年代，观赏草在国外发展迅猛，尤其是在美国、英国、澳大利亚等国应用更为广泛。经过半个多世纪的发展，国外在观赏草资源收集、育种、应用及抗性研究等方面都取得了长足的发展，收集应用的种类也已超过 400 余种。美国明尼苏达州大学的景观植物园是美国最大的观赏草收集中心之一，收集了 200 多种景观草种和品种，同时承担着科学研究、品种展示、景观美化的功能。目前，观赏草已成为欧美国家景观建设中不可或缺的重要植物类群。

我国于 20 世纪 90 年代中后期开始引种观赏草进行商业栽培应用，迄今能够真正在园林中应用的品种只有几十种。我国有丰富的野生禾本科和莎草科植物资源，许多都具有被开发为观赏草的潜能。随着近些年人们向往和追求田园野趣生活的理念逐渐深入，许多植物园、郊野公园以及街头绿地都逐渐开始应用观赏草，秋季赏草已逐渐成为新时尚。观赏草巨大的生态效益、经济效益以及社会效益逐渐凸显。

（1）收集成果

辰山自 2007 年就开始着手收集观赏草资源，并在核心园区建设了 1460m² 的观赏草专类园。那时候，观赏草在国内的应用才刚起步不久，人们对观赏草的认识和审美水平不足，在园林中应用还不够广泛。辰山观赏草专类园为观赏草的推广与应用起到了重要的推动和示范作用。2010 年开园时，全园仅有观赏草约 30taxa，主要以蒲苇（*Cortaderia selloana*）、矮蒲苇（*Cortaderia selloana* 'Pumila'）、细叶芒（*Miscanthus sinensis* 'Gracillimus'）、狼尾草（*Cenchrus alopecuroides*）等种类为主，以纯观赏草花境的形式展示；2013 ～ 2016 年，通过购买、接受赠与以及交换的形式，收集观赏草种类达 70taxa；截至目前，辰山已收集各类观赏草共 6 科 25 属 160taxa，包含野外采集的原生种 40 余种，并将三号门附近原有的北美植物区旱溪花境、非洲植物区改造整合成总面积约 20000m² 的禾草园，［火焰］羽绒狼尾草（*Pennisetum setaceum* 'Fireworks'）、蒲苇、羽绒狼尾草（*Pennisetum setaceum*）、粉黛乱子草（*Muhlenbergia capillaris*）、小盼草（*Chasmanthium latifolium*）、［谢楠多］柳枝稷（*Panicum virgatum* 'Shenandoan'）等观赏价值较高的品种已成为园区秋季的主打景观。

（2）科研应用

针对易自播、易退化的品种，通过采取特殊的养护管理措施，探索控制其蔓延和退化的技术，并编制完成了《观赏草植物栽植和养护技术规程》用于指导实践；对引种收集的野生原种观赏草资源进行适应性评价和优良品种的筛选工作，将对筛选出的观赏价值较高且性状稳定的观赏草资源进行推广应用。

（3）园艺应用

①观赏草专类展示

2019 年，经园区调整，将原有核心区 1460m² 的观赏草专类收集移至三号门非洲区处，面积扩增至 10000m²，以纯观赏草花境形式展示，划分成观赏禾草区、食用禾草区、原种收集区、文化展示区四个区域，种植了 118taxa 观赏草植物。特别设置的食用禾草区未来将逐渐引种小麦（*Triticum aestivum*）、玉米（*Zea mays*）、高粱（*Sorghum bicolor*）等禾本科粮食作物，同时种植一些粮食作物的野生原种和近缘种，通过配置科普展牌、开展科普活动，让青少年儿童在充分感知和享受大自然的美好过程中提高科学素养。

②旱溪花境

旱溪花境以观赏草为主要景观材料，采用了观赏草＋球宿根花卉＋乔木＋花灌木的配置形式，结合卵石和坡度地形，营造了节水、低维护、强互动性的大型自然景观（图 4-15）。

③琴键花环

琴键花环位于辰山绿环东南段，因种植地块的形状以钢琴琴键为灵感，设计成沿

图 4-15　辰山旱溪花境（田娅玲 摄）

绿环排列的窄长不规则四边形而得名。它将观赏草与乔木、灌木、宿根花卉、一二年生花卉、球根花卉甚至蔬菜搭配种植，形成了多样性丰富、季相变化明显的混合花境。琴键花环中种植观赏草品种 30 余个，观赏草纤细狭长的叶形成为宿根花卉最好的衬托，丰富了花境的植物多样性，并增加了景观的可持续性。

④混合花甸

混合花甸位于辰山三号门附近，沈泾河畔。主要采用园区自主筛选的新优球宿根花卉＋观赏草的种植模式，呈现草本植物的自然生长状态。在观赏草的应用上主要以小型种类为主，且多以局部片植形成色块或点缀的方式进行自然式种植。经过几年来的尝试和调整，目前已形成了低养护、可持续性的自然景观。

（4）科普应用

开展禾本科植物主题的科普大讲堂、观赏草主题的园艺沙龙等活动，编写了"观赏草科普手册"，在辰山公众号上发表观赏草科普文章，向公众介绍和宣传观赏草知识。

（5）成果产出

发表文章 4 篇，详见附件 4。

（6）引种策略

未来十年，辰山在观赏草资源收集方面将重点开展野生资源的引种收集和驯化、粮食作物野生原种及近缘种收集等工作，预计收集种类达到 80 属 400taxa。

4.1.16　多肉植物收集

多肉植物分布在除了南极洲以外的所有大陆，涉及 60 余科，近万种。就科、属、种的数量而言，非洲最多，包含番杏科（Aizoaceae）、天门冬科、芦荟属等；就景观而言，美洲大陆分布的仙人掌科和龙舌兰属（Agave）植物组成的景观最为壮观。美国汉庭顿植物园、瑞士苏黎世植物园和南非卡鲁植物园都以丰富的多肉植物收集而著称。国内除上海辰山植物园外，上海植物园、北京植物园、厦门园林植物园等均有多肉植物收集。

（1）收集成果

截至目前，辰山多肉植物收集包含 47 科 310 属 5781taxa，引种自美国和我国福建、上海、广东等地。收集种类较多的有：仙人掌科 1939taxa，景天科（Crassulaceae）376taxa，天门冬科 312taxa，阿福花科（Asphodelaceae）302taxa，大戟科（Euphorbiaceae）293taxa，番杏科 269taxa，夹竹桃科 130taxa。

（2）科研应用

开展以龙舌兰科植物抗寒性及上海露地越冬为主的适应性研究、栽培及繁殖技术体系研究，已完成课题"龙舌兰科植物和球兰属植物种质资源收集及适应性研究"；开展多肉植物可食用性资源调查、收集及繁育技术体系的研究，在研课题有"食用多肉植物种质资源收集与应用"。

（3）园艺应用

辰山的多肉植物收集主要用于沙生植物馆温室展示。除常规的景观种植外，还摸索出多种应用形式，充分扩展了多肉植物的种植展示空间，如山石和枯木的堆叠和多肉画框等。

①多肉植物专类展示区

在沙生植物馆内，形成了3个多肉植物特色展区：

● 附生仙人掌区：通过膜制隔断、加装喷雾及降温设施，在温室西侧开辟近200m²的区域，利用墙体及树桩作为种植载体，球兰、附生兰作为点缀，以附生类仙人掌植物做主体，形成了与沙生植物馆总体干燥、高温的大环境完全不同的附生仙人掌展示区（图4-16）。

图4-16　沙生植物馆附生仙人掌区（王昕彦　摄）

- 玻璃柜种植区：打破原有平面盆栽摆放的布展模式，利用山石及枯木桩的堆叠，在玻璃柜内形成了地势高低起伏的种植区域，从立面扩充植物种植区域，让番杏科、十二卷属（*Haworthiopsis*）、景天科等小型多肉植物得到更多数量的展示。
- 耐阴多肉种植区：种植较为耐阴的芦荟属、虎皮兰属（*Sansevieria*）、十二卷属植物，廊架及岩缝用球兰及令箭荷花属（*Nopalxochia*）植物填充。

②多肉植物主题展览

2015 年 10 月在辰山沙生植物馆举行首届辰山植物园多肉展；

2016 年 10 月举办以"多肉乐园"为主题的多肉展；

2019 年 10 月举办以"马达加斯加"为主题的多肉展。

③参加园外园艺展

2013 年 9 月参加北京第四届中国国际仙人掌及多浆植物精品展，作品《九尾狐》荣获金奖；作品《虎尾兰》荣获银奖。

2013 年 11 月参加上海国际多肉植物展，作品《烈刺玉》荣获金奖；作品《铁甲丸》荣获银奖；作品《仙女杯老桩》荣获铜奖。辰山植物园被授予 2013 年上海国际多肉植物展特别贡献奖。

2014 年 11 月参加上海国际多肉植物展，作品《翡翠盘锦》荣获银奖；作品《栉刺尤伯球》荣获铜奖；作品《爱氏虎皮兰》荣获铜奖。

2015 年 10 月参加上海国际多肉植物展，作品《鸡蛋莲》荣获银奖。

2017 年 10 月参加第九届中国花卉博览会，作品《大福丸缀化》荣获银奖；作品《块根牵牛》荣获铜奖。

2021 年 5 月参加第十届中国花卉博览会，送展展品获银奖 1 枚、铜奖 4 枚、优秀奖 1 枚。

（4）科普应用

开展以多肉植物夏季养护为主题的园艺大讲堂，参与辰山云赏花直播，参与拍摄家庭养花系列短视频。

（5）成果产出

发表文章 3 篇，详见附件 4。

（6）引种策略

未来十年，辰山计划新增多肉植物收集 500taxa，重点关注大戟属和附生仙人掌类，届时收集总数将达到 4900taxa。

4.1.17 阴生观赏植物收集

阴生植物指具有耐阴或半耐阴习性的植物，是一类长期生长在林间或林下等只有少量光线或散射光线的环境条件下，能够正常开花结果的植物。这类植物不仅一年四季能在室内散射光条件下健康生长发育，而且繁殖容易、管理相对简便、病虫害少，因此备受青睐。苦苣苔科（Gesneriaceae）和天南星科等观赏植物便是这一类植物的代表。

苦苣苔是苦苣苔科植物的通称，在全世界有 133 属 3400 余种，分布于亚洲东部和南部、非洲、欧洲南部、大洋洲、南美洲及墨西哥的热带至温带地区。我国现有苦苣苔科植物 44 属 762 种（含种下等级），其中 27 属 375 种为中国特有，分布区主要在西南地区的云南、广西。苦苣苔科植物株型多样，花色丰富而艳丽，有的种类局部还兼有不同颜色的色晕、条纹、斑点或网纹，具有较高的观赏价值和园林开发应用前景。自 20 世纪被引入欧洲后，其美丽的花色和观赏价值吸引了很多园艺爱好者的眼球，现已成为时下欧美市场上的热销花卉。主要的观赏品种集中在垂筒苣苔属（Smithiantha）、大岩桐属（Sinningia）、非洲紫苣苔属（Saintpaulia）、扭果苣苔属（Streptocarpus）、喜荫花属（Episcia）、艳斑苣苔属（Kohleria）、长筒花属（Achimenes）等几个原产南美或非洲的属种，我国原产的苦苣苔植物种类繁多，有巨大的开发潜力。我国的苦苣苔科植物收集最早可追溯到 20 世纪 90 年代中期，起步较晚，但发展迅速。2014 年先后成立了中国苦苣苔科植物保育中心（广西、深圳、华东、上海）四个分中心。现阶段国内已有多家单位进行苦苣苔科植物的引种收集。

天南星科植物约有 115 属 2000 多种，多产于热带地区。一般为草本，部分种类具球茎，少数为木本或藤本。我国有 35 属 200 多种，南北均有分布。天南星科植物叶片形状美丽，千变万化。有的叶色十分鲜艳，如花叶芋（Caladium bicolor）等；有的叶形极为奇特，如帝王花烛（Anthurium regale）等。天南星科植物因其栽培容易，耐阴性好，现已成为室内优良的观赏植物。天南星科同时拥有世界上花序最大与最小的植物——巨魔芋（Amorphophallus titanium）和无根萍（Wolffia arrhiza），是非常适合科普宣传的明星植物。目前鲜少有我国大陆地区的单位或机构进行专门的天南星科植物引种收集，但爱好者众多，市场潜力巨大。

（1）收集成果

辰山对苦苣苔科和天南星科等阴生观赏植物的收集始于建园初期，但一直是零星收集。目前引种有苦苣苔科植物 28 属 92taxa，其中唇柱苣苔属（Chirita）是当下国产苦苣苔科植物观赏效果较好的一类，已收集 22 种，为各属之最；其次为芒毛苣苔属（Aeschynanthus）和吊石苣苔属（Lysionotus），共 20 种，这 2 个属的植物以灌木为主，容易栽培，可作为苦苣苔科植物杂交育种的优良种质资源。目前收集的苦苣苔科植物主要来源于国内的野外引种。

目前引种天南星科观赏植物 32 属 235taxa，大部分属于早期引种的大型种类，现主要定植在展馆内。其中喜林芋属（*Philodendron*）、花烛属（*Anthurium*）、海芋属（*Alocasia*）、粗肋草属（*Aglaonema*）、合果芋属（*Syngonium*）都是热门的栽培类群，引种数量可观，种类较常见。此外，近几年还引种了少量小型天南星科观叶植物，植株还处于幼苗期，需要较长时间的培育才能展示应用。

（2）科研应用

2013～2015 年，辰山植物系统与进化研究组对国产苦苣苔科野生资源进行了调查及保育研究，引种国产野生苦苣苔科花卉 23 种，并建立了 8 种较高观赏价值野生苦苣苔的组培快繁体系。2015 年至今，缺乏对苦苣苔科植物的科研工作。

（3）园艺应用

①日常展示
辰山的天南星科和苦苣苔科植物主要种植于热带花果馆和珍奇植物馆温室（图 4-17），大部分生长良好，尤其是天南星科的龟背竹、春羽、花烛等类群，已成为温室林下、层间的优势种，景观效果突出。

②参加园艺展览
2017 年和 2018 年受邀参加了上海植物园举办的阴生植物展，其中展品喜荫花（*Episcia cupreata*）获得栽培组银奖，半蒴苣苔（*Hemiboea henryi*）获得原生植物组银奖。

（4）科普应用

天南星科的龟背竹是辰山温室中的明星植物，除了其硕大而千疮百孔的叶片外，奇特的乳白色佛焰苞，味道香甜的果实都是科普的好材料。辰山通过在温室内设置展板、拍摄短视频等形式，对龟背竹等天南星科植物进行了科普宣传。

（5）种质资源服务

截至目前，已为深圳仙湖植物园和

图 4-17　辰山热带花果馆中的天南星科植物

上海植物园提供了苦苣苔科植物种质资源，详见表4-4。

辰山为其他单位提供苦苣苔科植物种质资源情况　　　　表4-4

引种单位	引种数（taxa）	材料类型	引种年份
深圳仙湖植物园	44	种子、繁殖体、活体	2019
上海植物园	9	繁殖体、活体	2020

（6）成果产出

发表文章5篇，详见附件4。

（7）引种策略

在苦苣苔科收集方面，重点关注唇柱苣苔属，在已收集的22种基础上，计划新增引种至50种；增加灌木状苦苣苔科植物（芒毛苣苔属和吊石苣苔属）至40种；引入观花效果好的扭果苣苔属（*Streptocarpus*）、大岩桐属（*Sinningia*）和鲸鱼花属（*Columnea*）至30taxa。至2030年，引种收集苦苣苔科植物由现在的92种增加至200taxa。计划开展苦苣苔科植物的种质资源创新，筛选优异种质，开展杂交育种，努力解决原生种出现的花期短、易落花、颜色多偏向于蓝紫色系等方面的缺憾，努力把具有我国特色的苦苣苔科植物品种推向市场。

天南星科植物收集方面，在现有常见品种的基础上，新增天南星科新奇特植物50taxa，比如叶色秀丽的花烛、株形巨大的蔓绿绒以及形如小树的魔芋，通过试种这些观赏价值高的种类，筛选适生种类，扩大其在温室内的应用，提高温室植物景观的观赏效果。

4.1.18　睡莲科植物收集

睡莲为多年生水生浮叶植物，包括睡莲属、王莲属、芡属（*Euryale*）等，共计70多种，除南极洲外在各大洲广泛分布，在研究双子叶植物起源和被子植物进化中有非常重要的作用。睡莲科模式属为睡莲属，品种繁多，花色丰富，被誉为"池塘调色板"，应用历史长达5000年。在西方文明中，睡莲属被认为是"圣洁纯美"的化身，类似于荷花在中华文明中的地位。睡莲的根、茎和叶对水中富营养物和有害物质具有极强的吸附能力，是优良的水质净化材料，被广泛应用于水景园林中。

（1）收集成果

目前辰山保存了睡莲科植物原种5属30种，引种来源于我国云南、海南、温州、台湾等地以及美国、泰国、澳大利亚等国家，是上海地区收集睡莲资源最丰富的单位。以睡莲属为主，现有收集超过300taxa，其中原种24种，包括世界上最小、已在野外灭绝的侏儒卢旺达睡莲（*N. thermarum*）；品种280余个，囊括了除新热带亚属（该亚属尚无品种）外所有的亚属。辰山已获睡莲科植物国家种质资源圃资格。

（2）科研应用

主要开展资源收集、评价和栽培等方面的研究，完成了"睡莲新优品种引种栽培关键技术研究"课题，正在推进"热带睡莲上海地区越冬条件研究""耐寒型跨亚属睡莲培育"等课题。

（3）园艺应用

①辰山睡莲展

自2016年起，辰山在每年8月至9月间以"静谧的睡莲世界"为主题举办睡莲展。睡莲展利用辰山水体、广场等空间，以盆栽、组合容器、景观小品等多种形式，集中展示不同习性的睡莲资源约300taxa，挖掘睡莲文化内涵，提高游客夏季游园的体验度。纵使上海夏季酷热难耐，睡莲展仍然吸引了众多摄影爱好者和睡莲爱好者的光临。

②睡莲科植物专类展示

睡莲科植物是水生植物园的重要看点。水生园内定植耐寒睡莲72taxa，包括雪白睡莲（*N. candida*）、墨西哥黄睡莲（*N. mexicana*）、［粉红黎明］睡莲（*N.* 'Pink Drawn'）等，总面积约2000m²；水生园也季节性种植热带睡莲，展示面积约500m²；王莲池位于水生园中心位置，面积700m²，每年5月至10月展示王莲（*Victoria amazonica*）、小王莲（*V. cruziana*）以及［长木］王莲（*V.* 'Longwood Hybrid'）。

另外，每年5月初至10月末，在矿坑花园镜湖、沈泾河等区域布置热带睡莲、王莲、芡实等睡莲科植物近1000株，丰富园区水体景观。

③参加园艺展

参加第十届中国花卉博览会，送展展品［天琴座］睡莲（*N.* 'Lyra'）获金奖，［仲夏］睡莲（*N.* 'Midsumme'）获银奖，［爱琴海］睡莲（*N.* 'Aegean'）获铜奖。

（4）科普应用

结合睡莲展，开展园艺大讲堂、辰山云赏花、家庭养花系列短视频等活动，编写"睡莲植物科普手册"；"宝宝坐王莲"活动成为辰山最受欢迎的科普活动之一，每年夏天都有很多儿童与辰山的王莲留下珍贵合影（图4-18）。

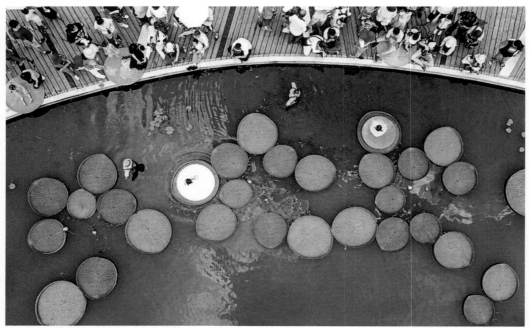

图4-18　宝宝坐王莲活动（沈戚懿 摄）

（5）种质资源服务

在上海农科院等单位推广王莲、耐寒睡莲等植物，扩大睡莲科植物在上海地区园林绿地中的应用，详见表4-5。

辰山提供其他单位王莲和睡莲种质资源情况　　　　　　　　表4-5

交换单位	交换总数（株）	交换物种	交换年份
上海植物园	10	王莲	2013～2020年
上海滨江森林公园	15	王莲	2013～2020年
古猗园	8	王莲	2015年、2016年、2019年
方塔园	6	王莲	2015年、2016年、2019年
大宁公园	8	王莲	2020年
上海农科院	120	睡莲	2020年

（6）成果产出

发表文章4篇，培育品种4个，详见附件4。

（7）引种策略

注重睡莲科植物原生种的收集，计划在 2030 年之前，增加睡莲属原种收集至 40 种以上；进一步收集在国内外获奖的名优品种，未来十年内至少收集 100 个品种。

4.1.19　药用植物收集

现代植物园是从药用植物园发展而来，目前许多植物园都有药用植物专类园。药用植物园的建立就是用园林的方式来体现中医药学丰富的文化内涵，向世界展示药用植物悠久的文化历史和各民族传统医药学，并为人们创造一个优美的自然环境。我国有药用植物 11020 种（含种下等级 1208 种），这些植物形态多样，有乔木、灌木、草本，分布于各种不同的生态环境中，其中相当一部分除药用外，还有极高的观赏价值。因此，在药用植物收集和展示方面，我国植物园有着比国外植物园更为优越的条件，同时，也肩负着更为艰巨的使命。随着人民精神文化需求的不断提高，中医、中药、中国传统健身方法的广泛应用，健康景观的呼声也越来越高，人们日益关注兼具健康养生和观赏特色的药用植物。

（1）收集成果

2009~2019 年从安徽、福建、云南、青海、江苏、广东、广西、浙江、四川、重庆、湖北、湖南、新疆 13 个省区引种药用植物 1052 个登记号 858 种，包含苗木 85622 株，种子 11672 粒，其中野外采集的药用植物有 222 个登记号，苗木 433 株，种子 102 粒；委托引种的药用植物 794 个登记号，苗木 84874 株，种子 1210 粒；接受赠送的药用植物 42 个登记号，苗木 305 株，种子 10360 粒。

（2）科研应用

开展以药用植物、芳香植物为主的引种收集、栽培关键技术及应用示范研究。已完成课题"香草植物的品种资源收集、筛选及应用示范研究""华东紫堇属植物的引种栽培关键技术研究"，在研课题"明目类植物收集及其叶黄素类成分差异比较研究"。

（3）园艺应用

①药用植物专类园

辰山药用植物园始建于 2010 年，是继上海植物园草药园、上海第二军医大学药学院草药园、上海中医药大学百草园、延中绿地药草园后上海市对外开放的最大草药园。药用植物园位于辰山西北角，占地约 2hm²，是在采石遗迹上建成的融合传统中药文化和现代建园理念的药用植物园，与岩石园合称为"岩石和药用植物园"。药用植物园的植物收集立足于华东植物区系，主要收集展示原产于我国长江流域的各种中草药植物。药用园内物种总数有400余种，其中乔木47种，灌木123种，藤本56种，草本200余种。

2020年药用植物园改建，新建的药用植物园位于辰山核心专类园区域，北临沈泾河，南临西湖和月季岛，环绕小剧场，占地面积5.1hm²（图4-19）。中心以剧场开敞空间呈现，两翼以微地形起伏营造空间变化，形成蝴蝶状平面布局，峰、谷地形交替，荫蔽、开敞空间对比，形成丰富的生境。主要体现了"植物与健康"主题，建成融合传统医药植物和现代保健理念的药用植物园，包括本草园、香草园、鼠尾草园、芍药园4个园中园，展示对人类生活影响较深的、注重养生保健的、现代研究前沿的药用植物。种植药用植物、芳香植物116科349属892taxa。植物收集立足于华东植物区系，在配置植物时追求植物多样性，同时突出地方特色。

②芳香植物展

每年5月，辰山都会举办芳香植物展。展出的芳香植物有药用鼠尾草（*Salvia officinalis*）、羽叶薰衣草（*Lavandula pinnata*）、法国薰衣草（*Lavandula stoechas*）、香叶天竺葵（*Pelargonium graveolens*）、薄荷（*Mentha canadensis*）、百里香（*Thymus mongolicus*）、迷迭香（*Salvia rosmarinus*）、柠檬香茅（*Cymbopogon citratus*）、碰碰香（*Coleus amboinicus*）、莳萝（*Anethum graveolens*）、欧芹（*Petroselinum crispum*）等上百个品种。此外，不定期在1号门大厅布置芳香植物展品。

图4-19　新建的药用植物园（黄姝博 摄）

③参加园艺展

参加第十届中国花卉博览会，送展展品获银奖 3 枚、铜奖 1 枚、优秀奖 2 枚。

（4）科普应用

在芳香植物展期间，不仅在药用植物园芳香植物区布置芳香植物的科普介绍牌，还展示各种盆栽芳香植物、植物精油、精油提取仪器等，共同诠释着精致生活的自然本质。同时，开展"闻香辨植物""祈福香囊制作"等科普活动，为游客提供精彩体验；室内展区还展示了提炼植物精油的实验设备和对应的单方和复方植物芳香精油，大型科普展板详细直观地展示了植物精油相关知识及提取工艺。此外，还编写了"药用植物科普手册"，介绍了 36 种常见药用植物。

（5）推广应用

推广芳香植物、岩生植物在园林绿地中的应用，参与建成上海徐汇万科中心绿轴公园、上海崇明智慧生态花卉园—岩石园示范点。

（6）成果产出

发表文章 9 篇，详见附件 4。

（7）引种策略

辰山药用植物收集立足华东区系，未来十年，新收集国内外药用植物 2000 种，届时药用植物将达 3000taxa。重点收集的类群包括中国传统医药植物、世界传统药用植物、芳香植物、可食用药用植物（药食同源植物），以及治疗头部、眼睛、心血管、消化系统疾病，降血压以及具有抗癌作用的药用植物等。经过 5～10 年的引种收集，药用植物园将建成具有地方特色，面向世界宣传和展示中医药传统文化、世界各民族医药文化的对外窗口。

4.1.20　秋海棠科植物收集

秋海棠科植物主要分布于亚洲、美洲和非洲的热带及亚热带地区，共有 2 属：秋海棠属和夏海棠属（*Hillebrandia*）。后者仅有夏海棠（*Hillebrandia sandwicensis*）一种，夏威夷群岛特产。秋海棠属为世界第六大开花植物属，也是最近全球新种发表增加最快的植物属级类群，已知超过 2000 种，估计总计 2500～3000 种，因此尚有许多新种待发掘发表。我国已发现 220 余种，预计总计约 300 种（包括自然杂交种），是秋海棠属资源最丰富的国家之一，主要分布地为云南和广西等地。

秋海棠属植物具有极高的观赏价值，亦可作为药用、食用、饮料和饲料等。欧洲、美国、澳洲及日本等地尽管野生资源十分匮乏，但对秋海棠属的资源收集、繁殖栽培、新品种培育和推广应用十分重视，如今已培育出品种近2万个，极大地促进了野生资源的迁地保护和园艺产业发展。美国、英国、澳大利亚、日本等都有自己的秋海棠协会，在资源收集及迁地保育、种质交换、育种、园艺应用和国际交流等方面发挥了重要作用。在我国，最早系统收集保育野生秋海棠资源和培育新品种的是中国科学院昆明植物园，后来台湾中央研究院、辜严倬云植物保种中心、上海辰山植物园、深圳仙湖植物园、厦门园林植物园、北京市花木公司等也积极开展了秋海棠的资源收集和迁地保育工作，分别拥有资源数百种（含品种），其中，位于台湾南部的辜严倬云植物保种中心收集的资源最多。此外，桂林植物园、上海植物园、北京植物园、中国科学院华南植物园、西双版纳热带植物园等也有收集。

（1）收集成果

截至目前，辰山已从我国21个省（云南、广西、四川等）和国外（日本、美国、印尼、越南、菲律宾、泰国、巴西等）引种收集秋海棠资源700余号428taxa，活植物共计2000余株。收集的资源主要包括国产野生种类［包括香港秋海棠（*B. hongkongensis*）、海南秋海棠（*B. hainanensis*）、阳春秋海棠（*B. coptidifolia*）、黑峰秋海棠（*B. ferox*）、蛛网脉秋海棠（*B. arachnoidea*）等珍稀濒危种类和一批待发表的新种、自然杂交种］、国外重要种类，以及代表性品种（含自育品种3个）。辰山秋海棠资源圃包括温室核心资源圃（500m² 温室）和附属区（600m²），包括展览温室、科研大棚和科研中心栽培室。

（2）科研应用

收集的秋海棠植物资源主要应用于科学研究和新品种培育，先后得到上海市绿化和市容管理局科技攻关项目"国产秋海棠属的自然杂交现象及杂种形成机制"和国家自然科学基金项目"国产秋海棠属的分类修订及资源评价"的科研课题支持。主要开展国产秋海棠属资源的调查、新分类群发掘、分类修订和多样性评价，发表了新种6个、中国新记录2个和异名2个。同时，开展了扦插繁殖、组培快繁、光照条件及栽培基质筛选方面的研究，利用自然筛选和人工杂交培育出3个新品种，完成了国际登录。

（3）园艺应用

①园区展示

园内展示主要在珍稀植物馆和热带花果馆内，利用秋海棠收集进行了局部配置展示。2020年10月，结合中国野生植物保护协会秋海棠专业委员会的成立大会和秋海

图 4-20　辰山首届秋海棠展（王昕彦 摄）

棠学术研讨会，举办了辰山首届秋海棠展（图 4-20）。

②参加园外园艺展

2018 年 10 月参加上海植物园第二届阴生植物展。

2019 年 10 月参加上海植物园第三届阴生植物展。

2019 年 8 月参加 2019 北京世园会省区市室内展品竞赛，秋海棠组盆"秋"园及〔宁明银〕秋海棠获得特等奖及金奖。

2019 年 10 月参加合肥中部花木城花木展。

2021 年 5 月参加第十届中国花卉博览会，送展展品金线秋海棠获银奖，〔辰山银〕秋海棠（*Begonia* 'Chenshan Silver'）获铜奖，秋海棠组合盆栽《叶映银河》获银奖。

（4）科普应用

开展植物嘉年华活动秋海棠多样性科普宣传展，编写印刷了"辰山秋海棠科普手册"，供游客了解学习和对外交流。完成了《中国大百科全书》（第三版）生物卷：秋海棠科属等内容撰写。此外，联合中国科学院昆明植物园、深圳仙湖植物园、厦门园林植物园、北京市花木公司联合申报成立中国野生植物保护协会秋海棠专业委员会，并获得批准。

（5）种质资源服务

为其他单位提供秋海棠属种质资源一次，具体见表4-6。

辰山提供其他单位秋海棠属种质资源情况　　　　　　表4-6

交换时间	交换单位	交换种类
2020年6月9日	厦门园林植物园	47种3品种

（6）成果产出

发表文章18篇，培育新品种3个，授权专利1项，详见附件4。

（7）引种策略

未来十年，除了秋海棠属种类，还会把单种属（夏海棠属）的夏海棠引种进来。秋海棠属将包括国产种的90%以上和国外的代表性种类、国际重要品种，以及具有历史文化和科研科普价值的重要种类。在原有基础上增加引种200种50个品种，届时收集总数将达到650taxa。

4.1.21　蕨类植物收集

陆生植物始于4亿多年前的奥陶纪，在漫长的演化历史中分别形成了苔藓植物、蕨类植物、种子植物三大类群。蕨类植物是一类不开花、以孢子进行繁殖的维管植物，其演化地位位于苔藓植物和种子植物之间。蕨类植物的祖先不仅是地球上最早出现的维管植物，也是古生代石炭纪和二叠纪构成陆生植物森林的主要类群。作为孑遗植物，现存蕨类植物保留了许多维管植物的祖先性状，是研究陆生植物关键性状演化的必要节点类群；在其漫长而复杂的演化过程中，为了不断适应生态环境，蕨类植物拥有许多种子植物不具备的性状，是挖掘植物环境适应性遗传资源的宝贵材料；同时，蕨类植物的药用价值、食用价值、观赏价值在近年来不断被开发及利用，逐渐显现其经济利用价值。广义蕨类植物包括石松类（Lycopodiales）和真蕨类（Polypodiopsida）两个纲，现存1.2万余种。我国有蕨类植物2000余种，其中近40%为特有种，为北半球蕨类植物资源最丰富的国家。但是，由于蕨类植物的种群分布限制以及生态环境的影响，许多物种濒于灭绝。因此，蕨类植物种质资源的收集对于物种保护、科学研究、开发利用均具有重要意义，是植物园种质资源建设的重要组成部分。

（1）活植物收集成果

辰山蕨类植物的批量引种始于2010年。历年数据显示，生长环境条件与引种质量是蕨类植物迁地保育成功的关键因素。除野外引种，利用其孢子进行自然及人工繁殖、利用芽孢、分株进行无性繁殖也是蕨类植物保育的重要手段。截至2020年12月，辰山保存活体蕨类植物约1316个登记号，约2850株，分属30科108属537taxa，科数占全世界蕨类植物（共计51科）一半以上，其中11科18属含物种数达10种以上，鳞毛蕨科（Dryopteridaceae）、水龙骨科（Polypodiaceae）两大科的物种数都超过了100种，鳞毛蕨属（*Dryopteris*）则为种类最多的属，达35种。从中国香港和台湾地区分别引种4种和14种。从中国以外引种23种，其中泰国10种、非洲7种、美国3种、印度尼西亚2种、新加坡1种。2016年获批建立首批国家花卉种质资源库上海辰山植物园国家蕨类植物种质资源库。

（2）科研应用

辰山蕨类研究团队利用所收集的蕨类资源，主要开展了蕨类植物多样性调查与保护、分子系统学与分类修订、物种形成与适应性机制等方面的研究。十年间发表研究论文52篇，出版专著4部，获得国家自然科学基金、科技部基础专项、中国科学院战略性先导科技专项等多项国家级项目支持。主要研究进展见表4-7。

辰山蕨类收集研究进展　　　　　　　　　　　　　　　　　　表4-7

研究领域	研究内容
中国蕨类植物资源调查	在对全国范围内蕨类植物开展普查的基础上，出版专著《中国蕨类植物多样性与地理分布》和《中国生物物种名录——蕨类植物》，系统分析了中国蕨类植物多样性的组成概况，完成了中国蕨类植物区系地理区划，首次全面对中国蕨类植物开展了IUCN濒危物种等级评估
蕨类植物分类学研究与系统演化	通过对蕨类植物资源详尽的调查，发表中国新记录种4个，省级新分布240余个；结合形态学数据及分子系统学证据，发现并发表新属1个、新种4个；解决了里白属、鳞盖蕨属和姬蕨属等疑难类群的系统分类问题。基于转录组数据，在基因组学水平构建了世界蕨类植物科级系统发育框架，为蕨类植物生命之树演化路径提供了新见解
蕨类植物物种形成机制	发现中国自然杂交新纪录中日双盖蕨（*Diplazium × kidoi*），发表新自然杂交种哀牢山铁线蕨；发现蕨类植物存在三倍体循环、异源多倍体形成、无性克隆等多种自然杂交后代续存机制。通过对蕨类植物展开系统基因组学分析，发现广泛存在的自然杂交和古多倍化事件等物种形成因素是影响蕨类植物系统结构复杂的主要因素
蕨类植物功能性状与环境适应性机制	现存蕨类植物的生存环境及其功能性状具有很高的多样性。研究发现蕨类植物生活策略及对应的功能性状在种子植物森林兴起前后发生大幅变化。发现自侏罗纪末期以来，水龙骨目对于森林的林下、林冠等多种环境的适应在蕨类植物的辐射进化中可能发挥了重要作用。通过转录组测序数据检测到水蕨二倍体和杂交种三倍体分别在52ma和91ma发生了两次古多倍化事件，对古多倍化后保留下来的基因家族进行了分析，大量的对环境应激响应的基因发生了复制并得到了保留，对现存多倍化蕨类物种的存活具有重要影响

研究领域	研究内容
蕨类植物与昆虫的互作	传统经验认为，蕨类植物很少为昆虫取食，而蕨类植物缺乏协同进化的昆虫。首次发现了一种夜蛾科路夜蛾属（*Xenotrachea*）昆虫幼虫可以取食蕨类植物孢子，并能够根据蕨类植物友水龙骨（*Polypodiodes amoena*）孢子囊群形态和叶片颜色的变化，动态改变其身体上斑点的颜色和形状，同时模拟蕨类植物进行动态伪装。这种昆虫与蕨类植物间的动态拟态或伪装关系有助于人们更深入了解蕨类植物与昆虫之间的相互关系

（3）园艺应用

①专类园

辰山蕨类植物专类园（蕨类岛）位于园区西湖水域的东南角，毗邻水生园，四面环水，占地 2800m²，2011 年开始对公众开放。2017 年进行了大面积升级改造，景观得到显著提升。蕨类种植规模得到大幅度拓展，从最初的 70 余种扩大至 150 余种、5000 余株，涵盖 17 科 43 属。全新的蕨类岛在物种展示层面上也更为丰富，各类大型物种、观赏性较高的园艺品种的大量运用极大地提升了景观效果；物种习性也更为多样化，覆盖地生、石生、附生、水生及攀援类等各类蕨类植物生长类型。值得一提的是，蕨类专类园尝试性地引入了相当数量的热带物种，如瘤蕨（*Microsorum scolopendria*）、金水龙骨（*Phlebodium aureum*）、多芽双盖蕨（*Diplazium proliferum*）、多芽叉蕨（*Tectaria gemmifera*）、细叶姬蕨（*Hypolepis tenuifolia*）、疏裂凤尾蕨（*Pteris finotii*）和二歧鹿角蕨（*Platycerium bifurcatum*）等，使蕨类岛呈现一派热带雨林般的生机盎然景象，成为游客喜爱的热门景点（图 4-21）。

图 4-21　辰山蕨类岛景观（韦宏金 摄）

②园艺展览

携手中国花卉协会蕨类植物分会、中国野生动植物保护协会蕨类植物保育委员会等行业机构，于2016年举办中国首届观赏蕨类植物展。来自北京植物园、深圳仙湖植物园、华南植物园、上海植物园等多家单位的200余种蕨类植物参展。此次专业展览不仅促进了兄弟单位间的合作交流，更为公众认识蕨类、了解蕨类开辟了新径。

自2013年起，连续参加第八届、第九届、第十届全国花卉博览会。于2013年获得第八届花博会布展设计特等奖；获得第九届花卉博览会特色花卉主题展金奖、银奖、铜奖，以及特色展馆奖；获得第十届中国花卉博览会蕨类植物（种质资源库建设及保存技术）银奖，送展展品荷叶铁线蕨（*Adiantum nelumboides*）获铜奖。

（4）科普应用

编写了"蕨类植物科普手册"，向大众普及蕨类植物相关知识；通过电视、广播、报纸、杂志、网站、微博、微信等媒体资源对珍稀濒危蕨类植物现状进行宣传报道，提高公众对蕨类植物的关注，以及对濒危蕨类物种的保护意识；于2016年联合中国花卉协会蕨类植物分会、中国野生动植物保护协会蕨类植物保育委员会等行业机构，举办"中国观赏蕨类植物展"，向民众推广普及蕨类植物保护和可持续利用的相关知识；同年，策划组织了蕨类植物科普讲坛，为公众提供与科学家面对面交流蕨类知识的平台；参加中国野生动植物保护协会、中国植物园联盟、上海辰山植物园等相关机构共同举办的全国植物分类与鉴定培训班，为植物园、保护区、花卉公司等相关专业人员提供蕨类植物繁育技术和蕨类植物分类学相关知识的技术培训和智力支持。

（5）种质资源服务

与美国犹他州立大学、北京植物园、哈尔滨师范大学、深圳仙湖植物园、南京中山植物园、广西植物研究所等国内外多家科研机构及蕨类植物专类园开展合作，涉及水蕨（*Ceratopteris thalictroides*）、中华水韭（*Isoetes sinensis*）、细叶姬蕨（*Hypolepis tenuifolia*）、荷叶铁线蕨蕨类植物孢子、活体材料、园艺植株的交换。

（6）推广应用

参加中科院战略性先导科技专项"南海环境变化"专题"海岛蕨菜栽培技术与适应性研究"，研究并建立了包括水蕨、巢蕨（*Asplenium nidus*）在内的若干可食用蕨类植物的繁殖技术体系，可用于大规模繁殖。

（7）成果产出

出版专著4部，发表研究论文50篇，详见附件4。

（8）引种策略

未来十年将继续在全国范围内进行蕨类植物的引种和收集，以进一步丰富辰山蕨类植物资源的种类和数量。计划新增蕨类物种100taxa，使蕨类物种引种数达到600～700taxa。蕨类专类园的景观效果和物种丰富度将得到进一步提升，同时进一步提升辰山蕨类资源在国际、国内的影响力及显示度。

4.2 效率分析

4.2.1 总体引种效率的分析

对比辰山植物园建园之初设立的引种目标和引种现状，可以考察辰山11年来的引种效率，详见表4-8。在原种和品种数、科数、属数、珍稀濒危物种数等指标上，辰山通过11年的引种工作，达到并超越了最初目标。

辰山植物引种总体效率分析

表4-8

类别	目标	现状	现状 / 目标（%）
taxa 数	10800	17988	166.6
原种数	6000	9497	158.3
科数	200	264	132.0
属数	1500	1984	132.3
活植物收集中 IUCN 珍稀濒危物种的数量	1000	1145	114.5

4.2.2 对收集重点的评估

针对重点收集的植物，逐一考察管理效率、科研使用、园艺使用、科普使用、种质资源服务、推广应用、成果产出这些指标，每个指标按照表4-9的衡量标准进行0～5分的赋值，综合评估收集重点的引种、管理和使用情况，可以衡量引种植物的价值。

活植物收集的评估标准   表 4-9

指标	衡量标准标准
管理效率	物种成活率＞90% 5分；80%~90% 4分；70%~80% 3分；60%~70% 2分；50%~60% 1分；＜50% 0分
科研使用	科研团队长期研究使用 5分；个别课题使用 3分；无课题使用 0分
园艺使用	举办过国际展 5分；举办过国内展 4分；未办展，有专类园（区）3分；未办展，没有专类园（区）1分
科普使用	单次科普活动最大受众规模大于 1000人 5分；100~1000人 3分；小于 100人 1分
种质资源服务	至少提供过 10次种质资源服务 5分；5~10次 3分；没有服务过 0分
推广应用	成功推广应用 5分，推广过程中 3分；未推广应用 0分
成果产出	SCI 文章或专利数量 5篇（个）以上/新品种 10个以上/专著 2部以上 5分；中文文章 3~10篇，新品种/专利数量 1~3个 3分；0篇（个）0分

按照以上标准对辰山植物园现有收集重点进行评估，评估结果见表 4-10。

辰山植物园收集重点评估表   表 4-10

序号	专类植物	目前引种（taxa）	目前保存（taxa）	物种成活率（%）	管理效率（分）	科研使用（分）	园艺使用（分）	科普使用（分）	种质资源服务（分）	推广应用（分）	成果产出（分）	综合评估结果（分）
4	兰科	1612	902	56.0	1	5	5	5	2	5	5	28
10	绣球属	329	298	90.6	5	3	4	5	2	5	4	28
5	荷花	900	772	85.8	4	5	4	4	5	0	5	27
21	蕨类植物	887	537	60.5	2	5	4	5	3	3	5	27
1	唇形科	724	474	65.5	2	5	3	1	5	5	5	26
11	芍药科	506	452	89.3	4	5	4	3	0	5	5	26
20	秋海棠科	428	360	84.1	4	5	4	5	2	0	5	25
9	蔬菜收集	1860	—	—	3.3（平均值）	5	4	5	0	0	5	22.3
18	睡莲科	562	304	54.1	1	3	5	5	3	0	4	21
19	药用植物	858	—	—	3.3（平均值）	3	3	5	0	3	3	20.3

序号	专类植物	目前引种（taxa）	目前保存（taxa）	物种成活率（%）	管理效率（分）	科研使用（分）	园艺使用（分）	科普使用（分）	种质资源服务（分）	推广应用（分）	成果产出（分）	综合评估结果（分）
2	凤梨科	1733	1172	67.6	2	3	4	5	2	3	1	20
3	海岛植物	1201	1071	89.2	4	3	3	0	2	4	4	20
12	木兰科	175	147	84.0	4	3	3	4	0	3	3	20
8	食虫植物	456	432	94.7	5	1	4	4	2	0	3	19
6	月季	1126	880	78.2	3	1	5	5	0	0	4	18
16	多肉植物	6840	5781	84.5	4	3	4	4	0	0	3	18
14	樱属	126	107	84.9	4	3	4	5	0	0	1	17
15	观赏草	—	160	—	3.3（平均值）	2	3	5	0	0	3	16.3
7	球兰属	229	193	84.3	4	1	4	3	0	0	4	16
13	海棠类	115	110	95.7	5	3	3	3	0	0	1	15
17	阴生观赏植物	497	327	65.8	2	4	1	1	2	0	4	14
	平均值			78.6	3.3	3.4	3.7	3.9	1.4	1.7	3.7	21.1

通过对引种重点的多方面评估，可以看出兰科、绣球属综合评分位列前茅，这些植物的引种力度大，研究或育种团队经验丰富，收集的种类多，丰富的种质资源为专类植物的研究和新品种的选育提供了良好条件，多年积累后，工作成果不断显现，社会效益提升。反过来，成果越多，科研项目或课题的申请成功率也会增加，有了经费的支持，引种的力度又会继续加大，形成了良性循环，这是我们植物引种的动力。阴生观赏植物在评估中垫底，该类群曾作为研究团队的研究对象，后来研究方向进行了调整，也没有专人负责该类群的引种和养护，各项工作均未顺利开展，但阴生观赏植物具有较大的园艺价值，对辰山温室的景观提升有益，也具有潜在的市场价值，有员工对其感兴趣，基于此次评估和以上几点考虑，辰山将对该类群是否继续作为引种重点进行讨论。

从各项指标来分析，物种成活率平均在78.6%。草本植物物种成活率普遍低，客观原因是草本植物一年生、二年生、多年生的生命周期，以及较高的养护成本、物种统计难度大等特点，造成草本物种成活率低；从主观因素上讲，辰山应加大对草本植物的养护管理力度，更加重视草本植物的挂牌和统计。表 4-10 中蔬菜收集、药用植物和观赏草的部分统计数据缺乏，造成无法进行物种成活率计算，它们都是复合类群，不是按照植物学上的科属分类的，造成了统计的难度，提示辰山在未来的活植物管理中，应增加复合类群标签，方便归类和统计。在科研使用中，所有重点收集植物都与科研紧密结合，7 个重点收集植物为辰山科研团队主要研究对象，10 个为园艺课题或项目的研究对象。在园艺使用上，兰展、月季展每两年举办一次，睡莲展每年举办一次，均为国际级展览，在辰山称为一级展；绣球等 11 个重点收集植物曾在辰山举办过季节性展览，称为二级展；药用植物等 3 类植物具有专类园；阴生观赏植物在温室内零星可见，但还没有形成专类展示效果。举办过二级展的类群将成为一级展的备选，有专类园的类群将来也可筹备二级展，评估结果为园区办展理清思路。植物的科普使用通常与园艺和科研使用正相关，二者为科普使用提供场所和素材，但本次评估结果反映出一些异常情况，比如唇形科植物、海岛植物的使用偏向科研，在科普工作上没有展示优势，这为未来的科普开展提供了方向，植物园以自身的科研成果为基础进行科普，才能履行"精研植物，爱传大众"的使命，才最能体现植物园的社会价值。种质资源服务和推广应用处在活植物管理应用链条的下游，却是活植物服务社会的集中体现。辰山尚处于年轻植物园之列，在种质资源服务和推广应用上还处于尝试阶段，唇形科、兰科、绣球科植物做出良好示范，未来其他重点类群也会加入其中，这将大大促进辰山的活植物收集、养护技术、管理经验在社会上的使用和传播。在成果产出方面，现阶段辰山主要考量文章、专利和新品种数量，未来，可能要加上科技成果转化事项。影响成果产出的因素很多，比如投入的人力、物力，人员的水平、机遇等，更细致的评估可以加上活植物收集的投入产出比等，此处，主要对辰山重点收集的活植物进行定性的评估，重点考虑植物的全方位使用和社会效益。另外，本次评估为辰山开园十年来的一次总结，因此，跨越的时段为引种伊始至今，评估中能明显感到有些类群先发力，后续跟进不足，有些类群起步晚，但成长快。如果更改评估的时段，如过去五年，则评估结果将大有不同。

小结

　　评估标准的选择要根据植物园的具体情况而定，分数的赋值也存在一定的主观因素，但是通过各个项目的赋值和比较，还是能够大致评估出活植物收集效果的优劣。我们选择的七个指标是根据辰山引种十余年来形成的数据、取得的成绩、发展的理念，甚至是建园的初心而定的，七个指标中的五个都是衡量活植物使用情况的，并且给它们赋予了相同的权重，再次说明"使用"才是辰山活植物收集的根本目的。可以说，评估分数高的活植物类群就是在辰山被全方位频繁使用的类群，是对辰山最有价值的植物类群，也是辰山履行服务社会责任过程中贡献最大的类群。

在本书撰写和出版的过程中，一些植物类群的评估数据持续更改。评估结果只能反应此刻的状态，需要周期性、阶段性地对活植物收集进行评估，才能掌握活植物收集的状况和价值。评估的结果为未来活植物引种和植物园的各项工作开展提供依据，也可鞭策植物园各部门、各员工看到自己的长处和不足，并使自己的工作与植物园的发展保持一致。

对于引种人员，在制定引种策略和计划时，应全面考虑物种是否能栽培成活，有没有科研、园艺、科普方面的使用机会，是否能为社会提供种质资源服务，以及推广应用前景。对于植物园科研、科普、园艺团队的员工，在选择研究方向、工作重心和专类植物时，宜协同合作，聚焦重点，发挥活植物收集的最大价值。

参考文献

[1] 易逸瑜. 基于地带性植物群落恢复的植物景观设计研究 [D]. 长沙：中南林业科技大学，2018.

[2] 林明锐，张庆费，郑思俊，夏檑，张智顺，惠光秀，张慧博. 上海城市化地区孤岛状山体残存植被特征 [J]. 生态学杂志，2009，28（07）：1245-1252.

[3] 胡光万，刘克明，雷立公. 莲属（Nelumbo Adans.）的系统学研究进展和莲科的确立 [J]. 激光生物学报，2003（06）：415-420.

[4] 田红丽，周世良. 莲科系统学和遗传多样性研究现状 [J]. 云南植物研究，2006（04）：341-348.

[5] 李杰，张辑. 国内外月季专类园发展浅析 [J]. 现代园艺，2018（11）：100-103.

[6] 李漫莉，刘青林. 世界优秀月季园赏析（上）[J]. 中国花卉园艺，2011（10）：45-49.

[7] 薛秋华，胡莉莉. 萝摩科观赏植物的应用 [J]. 中国农学通报，2007（04）：270-275.

[8] 韩笑. 家庭盆栽球兰 [J]. 南方农业（园林花卉版），2009，3（04）：78-79.

[9] 张静峰，林侨生. 球兰鉴赏 [M]. 广州：广东科技出版社，2018.

[10] 黄尔峰，王晖，贾宏炎. 球兰：资源与栽培 [M]. 沈阳：辽宁科学技术出版社，2016.

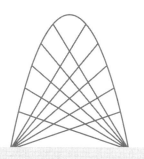

第 5 章
辰山植物园收集
管理长远规划

2021 年，在总结过去十几年的活植物引种与管理经验，以及收集重点评估结果的基础上，辰山开启了《上海辰山植物园植物收集与管理长期规划 2021~2050》，指导未来 30 年的活植物工作，使辰山的活植物收集与管理按照既定的轨道稳步前行。

5.1 收集定位

上海辰山植物园是一个集植物收集与保育、科学研究、植物景观展示和科普教育为一体的综合性植物园，收集的植物主要用于野生植物保育和开发、园艺展览和自然教育。植物园立足于华东植物区系，优先收集华东珍稀濒危植物、辰山科研用植物、特色园艺展览用园艺植物，以及自然教育用植物。

5.2 总体目标

到 2050 年，计划收集活植物总数达到 30000taxa，其中新增 12000taxa。按照植物类型分，收集原生种达到 17000 种，栽培品种达到 13000taxa；按照植物种植区域分，收集室外适生植物 13000taxa，温室植物 16000taxa，科研专用植物 1000taxa。

5.3 活植物收集主题

辰山根据所在地理区位的气候条件和收集目的，设置三个收集方向：室外适生植物、温室植物和科研专用植物。

室外适生植物是指可以在辰山露地种植的植物，收集主题有：华东植物区系物种；华东相似地区物种，可以收集与华东地区气候条件相似的国内外相关区域的植物，包括中国相似物种和国外相似物种；珍稀濒危植物，主要为《中国重点保护植物名录》和《IUCN 红色目录》中列入的物种；观赏园艺物种，主要为荷花、睡莲、月季、绣球属、木兰科、海棠类、樱属、观赏草类等全球主要观赏园艺系列。

温室植物是指需要在控温控湿通风的温室环境里收集保存的植物。收集主题主要有：凤梨科；多肉类植物；热带雨林植物，如食虫植物、球兰等；地中海植物；热带观叶植物，如阴生观赏植物、秋海棠科植物等；热带兰科植物；蕨类植物；热带非洲植物。

科研专用植物是指以科学研究为目的收集的植物，收集主题有：华东群落关键植物；海岛关键物种；药用、食用植物，如唇形科植物、蔬菜类、芍药科植物等；潜在能源植物等。具体见表5-1。

辰山植物园长期规划（2021～2050）——活植物收集主题与数量目标　表5-1

主题编号	收集主题	类型	物种数（种）	品种数（个）	预期来源
1.1	华东区系物种	室外植物	3500		华东植物区系
1.2	中国相似物种	室外植物	1000		华中、秦岭
1.3	全球相似物种	室外植物	400		北美、高加索
1.4	中国保护植物	室外植物	500		中国
1.5	IUCN 红色物种	室外植物	500		全球
1.6	观赏园艺物种	室外植物	300	3000	欧洲、北美、东南亚
2.1	凤梨科植物	温室植物	1000	1500	全球
2.2	多肉类植物	温室植物	1500	4000	非洲、中南美
2.3	热带雨林植物	温室植物	1000	400	热带亚洲
2.4	地中海植物	温室植物	300		地中海地区
2.5	热带观叶植物	温室植物	500	1500	热带亚洲
2.6	热带兰科植物	温室植物	800	800	南北半球热带
2.7	蕨类植物	温室植物	800	300	南北半球热带
2.8	热带非洲植物	温室植物	500		东非大裂谷
3.1	华东群落关键种	科研植物	400		华东植物区系
3.2	海岛关键物种	科研植物	400		东海近陆岛屿
3.3	药用、食用植物	科研植物	3500	1500	亚洲、北美、地中海地区
3.4	潜在能源植物	科研植物	100		全球
合计			17000	13000	—
总计			30000		—

5.4 基于数量目标的收集可行性分析

5.4.1 室外适生植物收集可行性分析

（1）华东植物区系物种

根据《华东植物区系维管束植物多样性编目》的统计数据，华东植物区系物种中自然分布及野生归化维管束植物共计 245 科 7288 种（含种下分类单位）[1]。目前，上海辰山植物园已经收集了其中的 2513 种，无论在分布上，还是适生性上，继续收集 800 种在技术层面是可以达到的。另外，通过种植环境改善和精细养护优化，还可以收集 200 种分布较狭窄、有待提高适生性的物种。

（2）相似地区物种

在中国的中南、西南和西北的部分地区，北美同纬度地区，澳洲局部区域，非洲北部区域，以及欧洲黑海高加索、地中海区域，有着与华东地区较为相似的气候条件。这些地区分布有大约 6000 种植物，其中 2500 种与华东物种具有同科、同属或近缘性，可以成为辰山植物园活植物收集的重要来源地，收集 1400 种是完全可行的。

（3）珍稀濒危植物

在《中国重点保护植物名录（第一、二批）》中，有 1900 余种植物；在《IUCN 红色目录（全球）》中，全球有 26604 个生物物种进行了评估，其中 8457 种植物被认为是受威胁物种。根据植物习性和地理分布特点，至少有 500 种中国保护植物和 500 种 IUCN 名录植物可以在辰山植物园进行收集和保存。

（4）观赏园艺物种

主要为鸢尾科、睡莲科、蔷薇科、山梅花属、八仙花属、木槿属、木兰科、槭属等全球主要观赏植物。这些类别的植物共有 3000 种以上，其园艺品种多达数万个，有许多种及其园艺品种可以在辰山植物园露地种植，初步估计可以收集 300 种和近 3000 个园艺品种。

5.4.2 温室植物收集可行性分析

（1）凤梨科植物

凤梨科分为翠凤梨亚科、凤梨亚科、铁兰亚科、刺叶凤梨亚科、刺蒲凤梨亚科、旋瓣凤梨亚科、小花凤梨亚科、聚星凤梨亚科共 8 个亚科，全球共有约 3500 余种。目前，上海植物园已经收集了凤梨科原种约 500 种，品种近 700 个。经过中长期的努力，辰山植物园有可能收集到其中的 1000 种和 1500 个品种。

（2）多肉类植物

全球有多肉类植物近万种，7 个主要科占其中的约 8000 种，分别为仙人掌科约 1800 种，番杏科约 1850 种，景天科约 1310 种，夹竹桃科约 1100 种，大戟科约 850 种，百合科约 700 种，龙舌兰科约 400 种。这些类群中，栽培品种更是数不胜数。从长远来看，辰山植物物可以收集到其中的 1500 种和 4000 个品种。

（3）热带雨林植物

全球有 5% 的面积由热带雨林覆盖，主要分布在热带亚洲、澳洲雨林区、热带南美和热带非洲地区。据初步估计，全球热带雨林植物物种数量多达 20000 余种，其中多数种类可以在辰山植物园温室种植，结合温室热带雨林景观营建和逐步优化，预计可以收集该类植物约 1000 种和 400 个品种。

（4）地中海植物

地中海是极有特色的全球生物多样性热点地区之一。据初步统计，该区域有 2904 种维管束植物，预计可以收集活植物 300 种。

（5）热带观叶植物

热带观叶植物是温室中用来布景、营造环境的重要组成部分，也是温室植物的重要观赏点。该类植物栽培历史悠久，无论是原种还是栽培品种都十分丰富，收集其中的 500 种和 1500 个品种是可行的。

（6）热带兰科植物

兰科植物是上海辰山植物园活植物收集、保育和研究的重要内容之一，尤其是热带兰科植物，是辰山温室植物收集的重中之重。预计收集热带兰科植物 800 种和极具观赏价值的园艺品种 800 个。

（7）蕨类植物

辰山植物园设置专门的蕨类植物收集区，既是活植物收集种植的重要场所，也是蕨类植物研究的重要基地。结合植物收集和科学研究的需要，预计收集国内外蕨类植物 800 种和 300 个品种。

5.4.3 科研专用植物收集可行性分析

（1）华东群落关键植物

华东群落关键植物的收集保育，主要是为了满足在辰山植物园区营建华东植物群落植物景观的需要。按照其组成物种的重要性，收集建群种 40 种，优势灌木 160 种，优势层间植物 60 种，优势草本植物 140 种，共计 400 种。

（2）海岛关键物种

海岛植物的收集，是辰山植物园的特色之一。在 2000 余种在海岛分布的植物中，收集到其中 400 种关键物种是可行的。

（3）药用、食用植物

《世界药用植物速查词典》收载世界药用植物 28222 种，其中我国药用植物约 12000 种，国外药用植物约 16000 种，这些药用植物归属于 539 科 4958 属[2]。我国野生蔬菜资源丰富，达到 213 科 1822 种[3]，其中药用、食用植物的栽培品种更是丰富，收集其中 3500 种和 1500 个栽培品种是可行的。

（4）潜在能源植物

能源植物的研究是辰山植物园植物资源研究方向的重要内容之一。结合一系列课题的研究和实施，预计可以收集 100 种潜在能源植物。

5.5 收集技术体系

5.5.1 活植物收集技术要求

根据收集的形式，可将活植物收集分为三种类型，即野外采集、委托引种和品种购买。收集技术要求分别如下：

（1）野外采集

野外采集以收集植物的种子为主，收集技术详见附件 2 辰山植物园野生植物种质资源采集技术。

（2）委托引种

①必须有准确的物种学名。

②同一来源的不同物种与不同来源的同一物种，均设定不同的收集编号。

③原则上每种乔木收集 25 株，灌木 50 株，草本 200 株。

④原则上种苗培育年龄为木本物种 2~3 年，草本物种 1~2 年。

⑤必须有相关的物种原产地、培育地、培育时间与措施等技术信息。

（3）品种购买

①必须有准确的品种学名。

②同一来源的不同品种与不同来源的同一品种，均设定不同的收集编号。

③原则上每种乔木收集 25 株，灌木 50 株，草本 200 株，根据观赏价值的高低与植物园的需求，实际收集数量可以相应变化。

④原则上种苗培育年龄为木本品种 2~3 年，草本品种 1~2 年。

⑤所收集的品种种苗，必须有繁殖地、培育时间与措施等技术信息。

⑥对于有较高科研价值和园艺育种价值的品种，应提供相应的品种谱系资料。

⑦要经过在符合规范的隔离苗圃内进行隔离观察。

5.5.2　活植物管理

活植物进入辰山植物园，需按照辰山植物园的制度进行管理。详见附件 3 活植物引种养护管理规定。

5.6　当前限制瓶颈

5.6.1　技术体系有待进一步完善

随着植物收集与保育工作的逐步推进，植物收集的范围在不断拓宽，收集深度在不断深化。因此，植物收集的技术体系在种子采集、植物繁殖、植物管理等方面，需要不断发展与完善。

例如在传统的种子采集或引种过程中，需要采集凭证标本，采集记录人员需要现场记录引种信息，包含物种、伴生种、生境、经纬度信息等内容，但在实际野外操作过程中，这会大量占用引种人员的时间，使野外调查工作无法深入，引种效率大打折扣。随着科技水平的不断提高，目前手机软件可以实现填写物种中文名，快速自动匹配拉丁学名，经纬度信息可以通过手机软件记录轨迹行程，引种的采集号只需要提前制作好带有条形码的贴纸，野外直接贴在凭证标本上拍照即可，最后只需要将照片、轨迹记录文件导入平台，平台可以自动完成照片与经纬度的匹配，自动识别条形码采集号，使采集号与经纬度信息实现快速匹配，引种信息只需要直接下载 Excel 表格即可。这些功能的实现可以大大减少野外引种人员的现场输入时间，而且引种信息的数字化上传也有利于数据的保存和查询。

这些只是当今科技与植物收集和保育工作的部分结合，随着时代发展，科技自动化水平也会越来越高，必将逐步融入植物收集保育工作的技术体系中。因此需要关注科技前沿，整合技术体系，以便提高植物收集保育工作效率。

5.6.2　种植条件需要进一步改善

引种保育植物在园区的种植形式，主要分为室外露天栽培与室内温室盆栽，随着引种工作的开展，引种的种类和数量逐年增加，但是种植场地及种植条件往往无法跟上引种的速度，园区日渐饱和使得引种植物势必在有限的空间内种植，而每种植物的生长环境都是不同的，越到后期越需要针对不同生长环境的植物进行区分隔离，营造适合其生长的环境。

在苗床、喷灌、湿帘、巡回风扇等硬件条件有限的情况下，还可以优化单位面积物种多样性，增加垂直面的植物栽种，室内温室可以顶部悬挂藤本植物，苗床放盆栽植物，苗床下放阴生喜湿植物等，优化栽培温室空间。通过调整可以简单地营造出适合三类植物生长的环境。

室外露天栽培也同样面临栽植空间的限制，需要改善植物种植的条件，可以结合乔灌草植物特性，营造野外植物群落类型，实现乔灌草搭配种植的配植区，与传统的物种单一且大量集中种植模式相比，不但种植条件得以改善，还可以使种植空间得到最大化利用。

5.6.3　技术与管理团队需要进一步健全

植物收集工作是多项工作的有机结合，需要由植物分类、植物采集、种子处理、植物养护、信息管理等多方面的技术人才组成结构完整的技术与管理团队。目前辰山已经形成了结构较为齐备的植物收集团队，但仍缺乏技术人员，在开展系统性的、与规划目标相匹配的植物收集工作时仍存在困难。

科研人员野外工作的开展往往以目标物种的采集为目的，标本馆人员野外工作以调查区域植物多样性为主，以采集凭证标本为主要手段，而引种人员野外开展引种工作，则采取种子采集、幼苗引种及插条插穗等形式，也需要采集凭证和研究材料。如何在野外工作开展的过程中，既能顾及研究材料的采集，也能考虑引种保育工作的开展，是我们需要进一步思考的问题。目前辰山尝试结合不同目的需求团队的模式，即野外工作的开展尽可能包含科研人员、标本馆人员、引种人员等，组成综合性野外采集队，使每次野外工作的收获达到最大化。

5.6.4　管理模式与机制有待高效化

辰山是一个起点高、定位准、建园新的植物园，与当前全球范围内建成的几十年甚至数百年的植物园不同，植物收集与保育是摆在我们面前的一条任重而道远的路。拥有一个相对独立的植物收集部门或团队、一套体系健全的收集机制、一个高效运作的管理模式，才能实现辰山植物收集的中长远目标。

5.7　收集实施策略

5.7.1　培养和组建收集团队

组建一支由 5~8 人组成的、拥有植物分类、野外采集、品种收集、种子处理与储藏、标本采集制作与管理等方面技术人员的队伍，形成工作职责较为固定、人员有序轮换的团队，可以是跨部门的项目组形式，也可以是跨单位的联合采集形式。这将是实现辰山活植物收集目标的重要人员保障。

5.7.2　建立园内高效运作机制和模式

建立一整套工作流程和机制，内容涵盖活植物收集和管理工作相关人员的分工责任、引种经费使用与管理、植物收集绩效考核奖励机制等。这是建立和完善园内植物收集运作机制和管理模式的核心内容。

5.7.3　寻求国内专业性强的团队进行委托收集

以当前参与的由中科院武汉植物园主导的中非植物收集保育合作、德—瑞—俄—

中高加索植物收集合作等为契机，逐步扩大和深化与国内外植物收集专业单位的合作，促进搭建并积极参与植物资源共享平台。

5.7.4 积极主动参与全球主要收集活动

在国内资源收集的基础上，可以主动参与全球植物收集队伍，不仅可以拓宽辰山植物园的植物收集范围，还可以成为全球植物收集与保存的重要一员。

5.7.5 建立国内外植物园间的植物交换机制

种子交换目前依然是植物园引种收集的有效手段，种子交换甚至也被认为是植物园的界定性特征之一，是植物园间免费交换种子和其他植物材料的全球性植物交换机制[4]。全球植物园是一个庞大的植物收集网络，辰山将在夯实自身植物收集水平的基础上，与全球相关植物园建立植物交换机制。

5.8 阶段目标的设置

结合国家五年规划的战略，制定辰山植物园植物收集的实施战略。总时间跨度为2021~2050年。实施过程以每5年为一个阶段，共分6个阶段总计30年，具体见表5-2。

辰山植物园长期规划——活植物收集阶段目标的设置　　　　　表 5-2

阶段	起点	"十四五"	"十五五"	"十六五"	"十七五"	"十八五"	"十九五"
时间段（年）	2020	2021~2025	2026~2030	2031~2035	2036~2040	2041~2045	2046~2050
物种数（taxa）	17530	21000	24000	26000	28000	29000	30000
原种数（种）	9296	11000	13000	14000	15000	16000	17000
品种数（种）	8234	10000	11000	12000	13000	13000	13000
科数	260	280	300	310	320	330	340
属数	1945	2200	2500	2600	2700	2800	2900

当前新冠肺炎疫情持续蔓延，全球遭到前所未有的冲击，特别对拉美、非洲以及亚洲部分地区国家来说，由于医疗基础设施普遍相对薄弱，防疫形势日趋严峻。由此"十四五"期间开展的引种收集目标还集中在国内，特别是华东、华中地区。相对华东地区，华中地区位于中国第二阶梯云贵高原和第三阶梯江南丘陵的交界之地，物种多样性较高，特别是武陵山区是中国内陆腹地生物多样性分布的热点地区之一[5]。此期间物种的增加可以达到预期，科属由于相似性较大，预期目标没有大幅提高。

"十五五"期间为我们引种的重点时间段，借助中国科学院武汉植物园建立的中非联合研究中心，依托西双版纳热带植物园以缅甸为基地成立的东南亚生物多样性研究中心等机构，参与国际植物考察研究，此阶段在科属上势必有新突破，预设目标较高。

"十六五"期间受限于园区展示与保育空间，需要优化植物栽培、展示形式，增加垂直空间的利用，提高单位面积内的物种多样性。此阶段引种植物的科属种增幅将放缓。

"十七五""十八五"和"十九五"期间，园区栽培展示、保育空间的利用将达到动态饱和，随着引种保育工作的继续开展，对栽培品种实行"品种更新，总量控制"原则，优先保证新优品种的栽培展示。此三阶段的引种目标设定，优先保证野生植物的保育空间，品种繁育工作将借助园外合作，提高成果转化效益模式来实现自育品种多样化、市场化、效益化。

辰山植物园经过 15 年的引种收集，保育的植物种类从无到有，此项工作的开展都是在辰山制定的收集策略指导下完成的，正是有了整体规划和目标，才使引种工作的开展能有序、保质保量地完成。在确定优先引种收集的植物类群时，一般要考虑科学研究和研究兴趣导向的植物类群、迁地保护的重要类群、科普教育植物类群、教育教学重要类群等。辰山植物园中长期规划及活植物收集阶段性目标的设置以 2020 年的收集保育情况为新起点，截至 2020 年底，共收集保存活植物 260 科1945 属 17530taxa（包含 9296 个原种和 8234 个品种），引种注重原种，特别是华东区域的原种收集，逐步扩大引种范围至全国，后期放眼全球同步开展国外植物的引种保育工作。栽培品种的收集从购买市场品种逐步过渡到辰山园艺团队栽培自育的新优品种。随着活植物管理系统功能逐步完善，记录引种植物保育栽培、养护管理等信息越来越完整，辰山的活植物收集必将为科研、科普、园艺提供更强大的支撑服务。

小结

《上海辰山植物园植物收集与管理长期规划2021～2050》的植物收集主题基本涵盖了辰山植物园目前现有21项收集重点类群，辰山将在这些类群上持续发力。在此基础上，突出强调了华东区系植物和珍稀濒危植物的收集，新增了潜在能源植物、热带非洲植物的收集。从辰山植物园的区域定位和植物园职责上看，这些强调和新增都是极其重要的。强调华东区系植物收集将指引辰山充分挖掘本土植物资源，形成显著地域特色景观，增加和公众的互动，并为上海及华东区域的城市景观改善和环境修复做出贡献。迁地保护珍稀濒危植物是植物园的根本职责之一，强调了珍稀濒危植物的收集保护，特别是华东区系的珍稀濒危植物保护，更能指导辰山履行植物园职责，成为全球生物多样性保护的中坚力量。战略资源的保存是植物园新发展出的职责，在全球变化的背景下，收集、保存、研究和开发潜在的战略资源，将成为植物园更加重要的使命。

《上海辰山植物园植物收集与管理长期规划2021～2050》的启动和执行也将有利于优化辰山植物园的活植物收集结构，将现有品种种类居多的局面扭转至原种收集占比较多的局面，平衡室外植物和温室植物的比例，合理使用种植设施，也考虑到活植物服务于科研、科普、园艺的作用，使活植物得到最大化的使用。当前面临的这些限制瓶颈成为我们科技创新、自主攻坚克难的动力，突破障碍，战胜困难，推动植物园界的可持续发展[6]。

参考文献

[1] 田旗，葛斌杰，王正伟. 华东植物区系维管束植物多样性编目 [M]. 北京：科学出版社，2014.

[2] 江纪武. 世界药用植物速查辞典 [M]. 北京：中国医药科技出版社，2015.

[3] 罗洁，杨卫英，吴圣进，黄宁珍. 中国野生蔬菜资源研究和开发利用现状 [J]. 广西植物，1997（04）：76-82.

[4] Heywood V. H. The role of botanic gardens as resource and introduction centres in the face of global change[J]. Biodiversity Conservation. 2011, 20 (02): 221-239.

[5] 严岳鸿，周喜乐. 中国武陵山区蕨类植物 [M]. 北京：中国林业出版社，2021.

[6] 苏国华，陈峰. 科研院所科技管理创新浅析——以中国科学院华南植物园为例 [J]. 农业科技管理，2018，37（05）：12-15+55.

结语

　　上海辰山植物园首次引种至今已有 15 年，开园至今也有 10 余年，十几年的时间无论对于植物园的发展还是对于植物园工作者的成长都产生着巨大的影响。回想启程之时，我们便有幸站在巨人的肩膀上，迫切地学习着世界领先植物园的经验，一边模仿一边探索适合自己的道路。如今，我们拥有了约 18000taxa 的植物收集、自主研发的管理平台、较为健全的收集策略、评估方法、管理制度和长远发展规划，以及成熟稳定的管理团队，不禁感叹时间之力、奋斗之力。

　　辰山的活植物收集已然达到了一个较大的体量，管理也步入了合理的轨道，在此基础上，下一步需要优化活植物收集的结构和质量。目前，辰山用于观赏展示的活植物品种数 8234 个，占总体收集的 47%；野外引种的原种 9296 种，占总体收集的 53%。品种占比接近总收集量的一半，对于植物园来说比例偏高。为提升辰山活植物收集的科学价值，我们将在下一个十年提升野外引种植物的占比，改变目前的收集结构。另外，科学研究用途的植物收集应更加重视居群的概念，不满足于物种的收集，更要注重物种居群的收集，从而提高收集质量。

　　本书的撰写始于 2020 年初，是作为辰山建园十周年纪念的系列图书。如果说一定要挤出一些"精华"，榨出一些"干货"，我们认为"使用"是活植物收集最应考虑的关键，用什么、如何用、何时用、用多少，这样的收集既是"活的"也是"活跃的"。在管理上，一定要重视连续性、完备性和可持续性，三者同时具备是非常难的，考验着植物园的管理水平。

　　在撰写本书第一章国内外知名植物园的收集与管理策略时，我们查阅大量资料，但可供使用的资料非常匮乏，大致的情况是欧美国家植物园的相关资料多，我国及其他国家植物园的资料少，尤其是涉及植物园的收集数量、收集类群或名录、收集策略、管理制度等，公开发表或发布的信息少之又少。收集评估更是一个鲜少讨论的话题，一些植物园考虑过收集评估的重要性，少量植物园讨论过评估的方法，只有几个植物园真正做过评估并发表出来。参考资料的捉襟见肘，一方面反映了植物园对活植物收集和管理的话题不够重视、缺少方法，另一方面也反映了植物园在数据公开和共享上的不足。

　　活植物收集和管理中产生的植物材料和数据有多方面的价值：预测花期以便办展策展、新品种筛选培育造福城市环境、基础研究和开发应用、回归引种生态恢复、科学普及陶冶性情，长期的物候监测还能够预测气候变化。一个植物园的活植物收集和管理产生的价值尚能如此，各个植物园或树木园的植物信息汇聚在一起，产生的价值将不可估量。我们在呼吁植物园共享数据的同时，也要思考如何公平地公开和分享，这将是植物园界亟需考虑的问题。

辰山下一个十年，韶华不负，未来可期。

附件1 辰山植物园植物铭牌使用标准及管理办法（试行）

植物铭牌是简要介绍植物名称和类别的标示标牌，是植物园展现科学内涵的显著特征。植物铭牌需具备科学、简洁和统一的特点，是植物园对游客进行科学普及、展示形象的重要窗口。目前辰山植物园有两种类型的植物铭牌，即用于科普的展示铭牌及用于内部管理的个体铭牌。特制定上海辰山植物园标牌管理及使用标准如下：

一、植物铭牌申请

1. 展示铭牌申请

在活植物管理系统展示铭牌模块内申请，模板如下图：

登记号	中文名	拉丁名	展示牌数量	展示牌规格	展示牌形式	插杆规格

申请展示铭牌植物是已入库物种时，只需要填写登记号，中文名与拉丁名无需填写；申请展示铭牌的植物不是数据库内引种植物时，无需填写登记号，但必须填写拉丁学名，导入数据库后，活植物管理组负责人完成对拉丁学名的审核并将数据库内没有的学名添加到物种库内，方便下次审核。

展示牌规格：30mm×60mm、100mm×50mm、135mm×85mm。

插杆规格：插杆长度有三种，分别为20cm、30cm、40cm。

植物铭牌制作员下载铭牌制作表，制作铭牌后，点击完成按钮，系统即通知申请人制作完成。

2. 个体铭牌申请

在活植物管理系统Excel导入导出模块中，根据工作需求导入申请模板，植物信息组审核通过后，统一下载个体表，通过条码打印机打印个体铭牌贴纸，再由申请人将个体牌贴纸贴到不锈钢铝片上。

二、植物铭牌制作

1. 展示铭牌制作

上海辰山植物园植物展示铭牌材质为 ABS 双色板，正面为磨砂黑色，背面为白色。插杆材质为 SUS304 2mm 不锈钢材料。绑扎材料为不锈钢弹簧和 PVC 铁扎线 2mm。以上材料均为市场购买。

植物铭牌版面制作由植物铭牌制作员按照申请和校对内容排版，利用雕刻机雕刻完成。制作一个植物铭牌的平均时间为 4min。植物铭牌制作员将雕刻好的铭牌整理好，装配好插杆，配好相应数量的弹簧或 PVC 铁扎线，联系申请人至铭牌制作工作间登记领取。

2. 个体铭牌制作

个体铭牌为 PET 亚银不干胶标签纸，通过科诚 EZPI-1300 条码打印机，把个体号、地块号、中文名、拉丁名及对应个体的二维码打印到贴纸上，再把贴纸粘贴在铝质标牌上。

三、植物铭牌展示

1. 展示铭牌展示

园区所有植物铭牌正面需朝向道路和游览方向；没有道路参考的区域里，乔木挂牌高度一般为 1.5m 左右，个别小乔木和大型灌木主干不足 1.5m，则可灵活处理，挂于主干即可。所有植物铭牌需洁净、端正、完整、整齐。

各专类园展示的植物铭牌应覆盖该专类园植物物种的 80% 以上。

2. 个体铭牌展示

园区内所有乔木、灌木植物的每个个体必须挂个体铭牌；草本植物可以根据实际需要，以片、盆、块等群体为一个单位申请个体铭牌。个体铭牌正面需背离道路和游览方向。

四、植物铭牌回收

破损的展示铭牌和个体铭牌及其配件（插杆、扎丝、弹簧等）需送至铭牌制作工作间回收处，由铭牌制作员统一清洁、修复，重复利用或废弃。

五、植物铭牌检查

活植物信息管理员和植物铭牌制作员每月对专类园植物铭牌展示情况进行暗访，督促未达标的专类园改进。每季度通报铭牌检查结果。

六、责任与义务

活植物信息管理员负责建立和维护植物铭牌管理标准，校对和更新植物信息，督促各专类园达到标准的要求。

植物铭牌制作员负责采购适用的标牌材料和配件，按照标准制作出合格耐用的植物铭牌。

专类园负责人负责申请和安放植物铭牌，定期检查、清洁、更换和补充，杜绝扎丝嵌入树干；负责建立专类园标牌申请、使用和破损的台账，负责妥善保存和整理可以再次使用的标牌。

附件 2 辰山植物园野生植物种质资源采集技术

植物种质资源，也称植物遗传资源，是指包含植物全部遗传信息、决定植物各种遗传性状和特征的活体材料。遗传资源包括现有栽培植物，也包括野生物种。在科学研究和生产实践中，种质资源泛指包含植物全部遗传信息的繁殖体材料，如活体植株、种子、花粉、组织培养物等。野生植物种质资源采集的基本内容组成包括：种子、凭证标本、相关野外数据、DNA 材料和图像。按照采集的过程，可分为采前准备、采集和采后处理。

1 采前准备

1.1 制定采集计划

1.1.1 明确采集目的和用途

野生植物种植资源采集对植物园活植物收集的扩充和利用有着重要作用。采集目的应根据植物园的引种策略确定重点引种类群，再实施野外采集和引种。根据辰山植物园目前的引种策略，采集的植物必须满足科研、科普、园艺三个功能的一个或多个要求。

1.1.2 明确采集目标、采集时间和地点

根据采集目的列出采集植物清单，通过查阅资料、请教专家等多种方式，了解目标物种的以下几个方面：

（1）目标物种的特征性状，有无相似种、近缘种与之伴生；如有，能否区分。

（2）居群分布大小、个体多少、是否干扰或破坏、处于生殖生长期的个体比例等。

（3）通过收集物种的物候记录推测适采期，以确定采集时间。种子采集的最佳时期为种子脱落成熟期与散布期之间。

（4）原生地、历史标本采集地，以确定采集地点。

1.1.3 明确人员组成

出于安全和工作便利考虑，野外采集工作通常由 2 ~ 3 人为一个小组进行。小组

中通常 1 人为领队，1~2 人为队员。领队需要熟悉目标物种和生境、规划采集路线等。采集时根据实际情况进行分工，提高工作效率。

1.1.4 交通工具

根据采集地点的交通状况和采集人数确定方便的交通工具，如飞机、高铁、公共汽车或租车；若租车，需提前签订租车协议。

1.1.5 形成野外采集计划文案

采集计划一般包括目的、目标、经费来源、人员与分工、日程安排、预算表等。

1.2 证件与手续办理

采集前，与采集地所在的保护区取得联系，说明采集需求，咨询采集手续办理流程，取得植物采集资格。

采集地区涉及边疆地区的，应办理边防证。办理方法为：在佘山派出所填写《边境管理区通行证申请表》，需要准备近期 1 寸免冠彩照 1 张、身份证正反复印件（复印在一张 A4 纸上）。申请表上的前往地点尽量详细到镇。部分边疆地区还需办理过桥证，各地规定不同，采集人员应尽量提早了解办理流程，在工作日到当地相关部门办理。

野外采集人员需填写《上海辰山植物园出差申请表》，若租车，还需填写《上海辰山植物园出差租车申请表》，并开具单位介绍信若干。

1.3 野外采集工具

通常可携带以下采集工具：

类型	名称	用途
电子数据采集与记录	移动硬盘	备份资料
	笔记本电脑	编辑与储存资料
	单反相机	拍摄
	无人机	拍摄、调查
	GPS 轨迹记录仪	记录野外采集轨迹
通讯	智能手机	导航、联络
	对讲机	联络

类型	名称	用途
纸质信息记录	文件袋	资料保管
	记号笔	信息记录
	铅笔	信息记录
	采集记录本	采集信息记录
植物采集与整理工作	条形码采集号牌	活植物采集、标本采集
	纸质吊牌	标本采集
	暖风机	标本烘烤
	电源接线板	标本烘烤、辅助充电
	捆扎带	标本烘烤、行李打包
	标本夹	标本压制
	瓦楞纸	标本压制
	茶包袋	分子样保存
	变色硅胶	分子样保存
	订书机	分子样保存
	防护手套	辅助采集
	各型号自封袋	各类材料保存
	封口胶带	行李打包
	大号行李箱	行李转运
	种子采集袋	活植物采集
	塑料吊牌	活植物采集
	尼龙网袋	活植物采集
	高枝剪	活植物采集
	枝剪	活植物采集
	编织袋	活植物采集
	望远镜	活植物调查
安全保障	急救包	野外急救

1.4 常用药品

野外常用药品包括镇痛类药物、抗过敏类药物、广谱抗菌药、晕车药、止泻药、维生素补充剂，以及处理伤口用的碘伏、创可贴和纱布等。此外，去往高海拔地区应在当地购买便携式氧气罐。

2 采集

2.1 采集信息记录

2.1.1 采集号

采集活植物材料时，同时采集标本，有助于植物的鉴定和采集信息的保存。建议采集 1~3 份标本。采集标本时，使用标本馆提供的条形码标签，活植物使用标本标签号作为采集号。

2.1.2 其他信息记录

野外采集时，除及时给植物样本编号挂牌外，应同时填写好植物采集手册，拍摄植物和环境照片，开启 GPS 轨迹记录仪和手机航迹记录软件记录采集轨迹，也可以录制视频或音频。采集种子时，记录种子来源于一个居群的多少株植物，以及该居群的大致规模，这对未来的科研工作和植物管理将有帮助。

2.2 种子采集

2.2.1 居群评估

选择至少一个居群进行采集。采集的种子尽可能代表该物种的遗传多样性。一个居群内获得 95% 以上的等位基因，需随机采集 30 个完全异花授粉的个体或 59 个自花授粉的个体。总的来说，一个居群不少于 50 个个体。相隔 10km 以上可以认为是两个居群。不同居群的种子不应混放。

2.2.2 数量评估

评估平均每个果实所产生的种子数、平均每个植株所能产生的果实数、处于自然散布状态的植株数，种子数量以 50~500 粒为合适，采集不超过 20% 的种子量。对于浆果类、蒴果类的细小种子，一般采集果实数量 1~5 个，不超过 20% 的果实数。

2.2.3 采集技巧

种子应装在纸袋或布袋中，不应使用塑料袋盛装种子。采集的种子应及时挂上标签。

一般通过果实颜色变化、种皮颜色变化、果实开裂、种子响声判断种子的成熟度。也可做剪切测试（cut test），即随机剪切 10~20 粒种子，检测种子是否发育成熟、是否遭受虫食、是否干瘪、是否畸形，初步评估种子的品质。

有些植物可以采到珠芽，珠芽的采集和处理可以参考种子。

3 采后处理

3.1 收集采集信息

采集结束后，应及时整理当天的采集信息。将采集的活植物材料信息录入笔记本电脑；将拍摄的照片、视频、音频导入电脑并整理命名；导出当天的 GPS 轨迹并与照片进行匹配；回顾采集记录，补充遗漏内容；总结当天的采集数量，记录所学所感等。

3.2 植物材料的处理与存放

当天采集结束后，需在住处清点当天所采活植物材料。种子或珠芽盛放于种子袋中，袋口需敞开，置于阴凉环境；对于浆果类种子，需要当天洗出种子，阴干，并用无菌湿苔藓保湿，以保持活力；标本应及时取少量叶片作为分子材料，其余部分经压制和干燥，形成平整的干标本，置于报纸之间。若干份干标本合成一叠，装入大号自封袋中。此时标本较脆，必须平放。分子样装入茶包袋，用订书机把每 10 个号的分子样品订成一叠，保存于充满蓝色硅胶的自封袋中，直至完全干燥。

3.3 植物材料的运输

采集时间在 5 天以内或采集量不大，可将采集的植物材料随身携带。若采集时间超过 5 天或采集量较大，则一般用快递寄回植物园，推荐首选顺丰快递。快递公司或邮局要求活植物材料必须在无土无（流动）水的情况下包装好，可能需要出示采集证、批复、介绍信等证明材料。寄送植物材料时，种子经通风或洗种处理，呈较为干燥的状态，放在种子袋中寄出；标本装于自封袋内，平整垒放于纸箱或旅行箱内寄送；分子样从硅胶袋子中拿出，放于干净的自封袋中寄送。运单生成后，必须及时与园内接收人员沟通，告知快递单信息、材料详细情况及建议的处理方式，保证植物材料到园后第一时间得到处理。

3.4　植物材料的分配

采集的活植物材料交由园艺部专类植物负责人或苗圃工作人员进行萌发和繁殖；标本和分子材料由标本馆统一接收和管理。

3.5　植物信息的录入

植物材料分配后，植物材料接收人需录入植物采集信息至活植物管理系统或标本管理系统。因此采集人在分配植物材料时，应将采集信息一同转交于植物材料接收人。

3.6　植物鉴定

采集人在采集时需对所采植物做初步的判断；活植物材料开花时，园艺部活植物管理组对植物进行初步鉴定；标本馆工作人员负责对应植物标本的鉴定并反馈至园艺部活植物管理组；园内外科研人员对专类植物标本进行鉴定，反馈至标本馆，标本馆反馈至园艺部。

附件3 辰山植物园活植物引种养护管理规定

一、活植物引种规定

本规定适用于辰山植物园所有职工的引种工作。

1. 引种工作必须在符合国家法律法规规定的范围内开展，遵守地方政府的管理要求。

2. 活植物必须有完整的引种信息，包含物种种名或属名、引种人、引种时间、引种地等信息。

3. 引种活植物须由引种人将引种信息按模板要求填写并导入活植物管理系统，活植物管理组人员审核完成，管理系统自动分配登记号，验收苗木以完成登记号申请的苗单为准。

4. 在引种预算内委托采集或者购买的专类植物引种，必须提供完整的拉丁学名或品种学名，提交苗木生长地的产地信息，由采购负责人补充完整引种信息上传，完成登记号申请。验收苗木以完成登记号申请的苗单为准。

5. 对于野外采集的植物必须要有完整的采集人、采集地信息、采集时间、生境照片等信息。

二、引种流程

（一）接收负责人：苗圃负责人、后备温室负责人、草本植物负责人

（二）购买或委托引种

1. 向领导提交引种需求，阐明引种目标及意义。

2. 领导批复同意后方可联系卖家签订合同，约定苗木种类及数量。

3. 需定植苗圃的须提前一周联系接收负责人确定苗木数量及定植位置。

4. 苗木到达植物园，需接收负责人完成现场清点，并将引种信息导入活植物管理系统。

5. 活植物管理组负责人完成管理系统引种信息审核，生成登记号后，赴现场确认苗木并签署苗木验收单。

6. 接收负责人需填写苗木入圃单，完成个体牌挂牌工作。

（三）野外采集引种

引种团队针对重点引种的植物类群开展野外引种工作，根据野生植物的生境类型联系苗木接收负责人，完成登记号申请，以及分发个体牌。

引种材料种质类型不同，管理流程有所不同：

1. 种子、接穗、插条等技术性引种，登记号申请流程不变，个体数量填写为"0"，即不生成个体号，待植物达到出圃规格再申请个体号，完成个体挂牌工作；

2. 幼苗等栽培养护性引种，须一周内申请登记号，根据实际个体数量生成个体牌，接收负责人完成个体号牌挂牌。

三、园区引种植物死亡淘汰流程

对于已经死亡的植株，养护人员需通知活植物组人员到达现场确认，如果因病虫害引起死亡，活植物组人员需要联系植保人员到达现场，对植株的病虫害是否有潜在扩散风险等做出评估。如无潜在风险，活植物组人员现场拆除个体号牌，死亡植株运往植物废弃物粉碎场；如有潜在风险，活植物组人员现场拆除个体号牌，植株由植保人员负责销毁。

在长势差、影响景观的苗木中，景观苗由活植物组人员回收个体号后直接淘汰运往植物废弃物粉碎场；引种苗需要活植物组人员确定相同登记号的苗圃现存活体数量，乔木个体超过 10 棵、灌木个体超过 20 棵、草本个体超过 30 丛 / 盆的，由活植物组人员收回个体号牌，植株淘汰运往粉碎场，反之需联系苗圃负责人，移栽回苗圃复壮。苗圃负责人填好入圃单并交于活植物组。

四、苗木出圃

1. 专类园负责人向园艺景观部部长汇报种植方案，通过后方可联系苗圃挑选苗木。

2. 苗圃负责人确认出圃苗木有个体号牌，无个体号牌植物禁止出圃。

3. 专类园负责人移栽苗木需填写出圃单，移栽后完成最终出圃苗单、新栽种植物位置变更表，一起交于活植物组更新备案。

4. 专类园负责人定植新苗木后，需当场通过园丁笔记 APP 完成植株定位、定植照片、胸径、高度、冠幅等基本信息采集，并上传到数据库。

附件 4　辰山植物园活植物收集的成果产出

一、唇形科植物收集

期刊论文 28 篇

1．Wei YK, Pendry C, Ge, BJ. Protection Salvia in China: the need for comprehensive collection and conservation programmes. BG journal. 2019, 16 (01): 7-9.

2．Wei YK, Pendry C, Zhang DG, Huang YB. Salvia daiguii (Lamiaceae): a new species from west Hunan, China. Edinburgh Journal of Botany. 2019, 76 (03): 359-368.

3．Zhao Q, Yang J, Cui MY, Liu J, Fang YM, Yan MX, Qiu WQ, Shang HW, Xu ZC, Yidiresi R, Weng JK, Pluskal T, Vigouroux M, Steuernagel B, Wei YK, Yang L, Hu YH, Chen XY, Martin C. The reference genome sequence of *Scutellaria baicalensis* provides insights into the evolution of wogonin biosynthesis. Molecular Plant. 2019, 12: 935-950.

4．冯时，魏宇昆，许华．两种鼠尾草对 CdCl2 胁迫的耐受性比较及生理机制的研究．植物学研究，2019，8（02）：126-136.

5．冯时．四种鼠尾草属植物的染色体和花粉形态比较研究．植物学研究，2019，8（02）：107-117.

6．刘欣雨，魏宇昆，李桂彬．丹参转录组的微卫星位点（SSR）特征及属内通用引物的开发．分子植物育种，2019，17（22）：7445-7452.

7．Zhao Q, Cui MY, Levsh O, Yang D, Liu J, Li J, Hill L, Yang L, Hu Y, Weng JK, Chen XY, Martin C. Two CYP82D enzymes function as flavone hydroxylases in the biosynthesis of root-specific 4'-deoxyflavones in *Scutellaria baicalensis*. Molecular Plant. 2018, 11: 135-148.

8．Fang X, Li CY, Yang Y, Cui MY, Chen XY, Yang L. Identification of a novel (-)-5-epieremophilene synthase from Salvia miltiorrhiza via transcriptome mining. Frontiers in Plant Science. 2017, 8: 627.

9．冯时，刘群录，魏宇昆，金冬梅，李桂彬，黄艳波．八种中国原产鼠尾草属植物耐热性比较．湖北农业科学，2017，56（16）：3088-3092.

10．魏宇昆，黄艳波，李桂彬．同域分布共享传粉者的鼠尾草属植物的生殖隔离．生物多样性，2017，25（06）：608-614.

11．许华，谢璨，魏宇昆，黄艳波，林雪君．两种鼠尾草对模拟酸雨胁迫的耐受性比较及其生理机制研究．生态毒理学报，2017，12（06）：206-214.

12．Yang L, Yang CQ, Li CY, Zhao Q, Liu L, Fang X, Chen XY. Recent advances in biosynthesis of bioactive compounds in traditional Chinese medicinal plants. Science Bulletin. 2016, 61 (01): 3-17.

13．Zhao Q, Chen XY, Martin C. *Scutellaria baicalensis*, the golden herb from the garden of Chinese medicinal plants. Science Bulletin . 2016, 61 (18): 1391-1398.

14．孔羽，魏宇昆，黄艳波．HPLC-DAD 比较鼠尾草属六种植物根中丹参酮类成分含量．中药材，2016，39（01）：131-133.

15．许华，梁春虹，赵美棠，魏宇昆，黄艳波．两种鼠尾草对 NaCl 胁迫的耐受性比较及其生理机制研究．西北植物学报，2016，36（03）：0558-0564.

16．Xiao QL, Xia F, Yang XW, Liao Y, Yang LX, Wei YK, Li X, Xu G. New dimeric and seco-abietane diterpenoids from Salvia wardii. Natural products and bioprospecting, 2015, 5: 77-82.

17．黄艳波，魏宇昆，王琦，肖月娥，叶喜阳．舌瓣鼠尾草退化杠杆雄蕊的相关花部特征及传粉机制．植物生态学报，2015，39（07）：753-761.

18．王琦，魏宇昆，黄艳波．中国弧隔鼠尾草亚属（唇形科）的分布格局．生态学报，2015，35（05）：1470-1479.

19．魏宇昆，王琦，黄艳波．唇形科鼠尾草属的物种多样性与分布．生物多样性，2015，23（01）：3-10.

20．黄艳波，魏宇昆，葛斌杰，王琦．鼠尾草属东亚分支的传粉模式．生态学报，2014，34（09）：2282-2289.

21．周晓希，孔羽，魏宇昆，崔浪军．RP-HPLC-DAD 同时测定丹参及丹参片中六种水溶性成分的含量．中药材，2014，37（02）：337-339.

22．Guo J, Zhou YJ, Hillwig ML, Shen Y, Yang L, Wang YJ, Zhang XN, Liu WJ, Peters RJ, Chen XY, Zhao ZB, Huang LQ. CYP76AH1 catalyzes turnover of miltiradiene in tanshinones biosynthesis and enables heterologous production of ferruginol in yeasts. PNAS, 2013, 110 (29): 12108-13.

23．Sun JJ, Xia F, Cui LJ, Liang J, Wang ZZ, Wei YK. Characteristics of foliar fungal endophyte assemblages and host effective components in Salvia miltiorrhiza Bunge. Applied Microbiology and Biotechnology, 2013, DOI: 10.1007/s00253-013-5300-4.

24．Yang L, Ding GH, Lin HY, Cheng HN, Kong Y, Wei YK, Fang X, Liu RY, Wang LJ, Chen XY, Yang CQ. Transcriptome analysis of medicinal plant Salvia miltiorrhiza and identification of genes related to tanshinone biosynthesis. PLoS ONE, 2013, 8 (11): e80464.

25．王川，李昆伟，魏宇昆，崔浪军，李发荣．Cu^{2+} 胁迫对丹参生长及其有效成分积累的影响．植物研究，2012，32（01）：124-128.

26．Fang X, Yang CQ, Wei YK, Ma QX, Yang L, Chen XY. Genomics grand for diversified plant secondary metabolites. Plant Diversity and Resources, 2011, 33: 53-64.

27．葛斌杰，田旗，魏宇昆，王川，崔浪军．陕西省鼠尾草属植物地理分布新纪录，西北植物学报，2011，31（07）：1487-1489.

28．杨庆华，周翔宇，夏勃，魏宇昆．华东区系鼠尾草属药用植物资源．中国野生植物资源，2011，30（02）：21-26.

二、凤梨科植物收集

期刊论文 1 篇

李萍，杨庆华．光照对唐娜彩叶凤梨生长和叶片营养的影响．现代农业科技，2020（02）：110-112+119.

三、华东沿海岛屿植物收集

（一）期刊论文 4 篇

1．沈彬，葛斌杰．中国伞形科植物新记录．植物学研究，2018，7（04）：425-428.

2．葛斌杰．中国东海近陆岛屿植物考察．大自然，2018，199：70-75.

3．葛斌杰．中国东海北部近陆岛屿植物资源科学考察．自然杂志，2016，38（02）：125-131.

4．朱弘，叶喜阳，葛斌杰．浙江舟山东福山岛种子植物区系初探．浙江农林大学学报，2015，32（01）：150-155.

（二）专著 1 部

1．葛斌杰，肖斯悦，陈敏愉，钟鑫，James W. Byng. 中国东海近陆岛屿被子植物科属图志．郑州：河南科学技术出版社，2020.

四、兰科植物收集

（一）期刊论文 29 篇

1. Juan I. Vílchez, Yu Yang, Dan-xia He, Hai-ling Zi, Li Peng, Su-hui Lv, Richa Kaushal, Wei Wang, Wei-chang Huang, Ren-yi Liu, Zhao-bo Lang, Daisuke Miki, Kai Tang, Paul W. Paré, Chun-Peng Song, Jian-Kang Zhu & Hui-ming Zhang. DNA demethylases are required for myo-inositol-mediated mutualism between plants and beneficial rhizobacteria.

Nature plant, 2020.

2. 刁海欣，黄卫昌，曾歆花，苗利媛，黄清俊．三种白及属植物不同生长发育时期的菌根显微结构研究．菌物学报，2020．https://doi.org/10.13346/j.mycosystema.200106.

3. 刁海欣，黄清俊，苗利媛，曾歆花，黄卫昌．土壤含水量对白及与菌根真菌共生关系的影响．江苏农业科学，2020，48（22）：122-130．DOI：10.15889/j.

4. Li-yuan Miao, Chao Hu, Wei-chang Huang and Kai Jiang. Chloroplast genome structure and phylogenetic position of Calanthe sylvatica (Thou.) Lindl. (Orchidaceae). Mitochondrial DNA Part B, 2019, 4 (02): 2625-2626.

5. 朱娇，黄卫昌，曹建国，周翔宇．上海适生白及属植物的耐湿性评价及其生理机制研究．植物生理学报，2019，55（02）：209-217.

6. 朱娇，黄卫昌．小白及光合特性及其相关因子关系．中国农学通报，2019，55（02）：209-217.

7. Chao Hu, Hong-xing Yang, Kai Jiang, Ling Wang, Bo-yun Yang, Tung-yu Hsieh, Si-ren Lan and Wei-chang Huang. Development of polymorphic microsatellite markers by using de novo transcriptome assembly of Calanthe masuca and C. sinica (Orchidaceae). BMC Genomics, 2018, 19 (01): 800.

8. Wei-chang Huang, Zhen-wei Wang, Neng Wei, Jiao Zhu, Si-ren Lan, Guang-wan Hu and Qing-feng Wang. *Gastrodia elatoides* (Orchidaceae: Epidendroideae: Gastrodieae), a new holomycoheterotrophic orchid from Madagascar. Phytotaxa, 2018, 349 (02): 167-172.

9. 倪子轶，刘群录．白及的栽培及景观应用探讨．现代农业科技，2018，18：136-137.

10. 邵丽．乌天麻及红天麻的催花实验．中国植物园，北京：中国林业出版社，2018.

11. 田沂民，钱俊婷，李丽，于翠，黄卫昌，易建平．兰花褐斑病菌可视化基因芯片检测技术．植物检疫，2018，32（01）：46-49.

12. 王程旺，梁跃龙，张忠，廖文波，黄卫昌，杨柏云．江西省兰科植物新纪录．森林与环境学报，2018，38（03）：367-371.

13. 易玲，张之鹏，黄卫昌，罗火林，熊冬金，杨柏云．基于单纯形重心设计铁皮石斛栽培基质的优化．南昌大学学报（理科版），2018，42（03）：253-257.

14. Wei-chang Huang, Kai Jiang, Chao Hu, Yue-e Xiao, BC Seyler, Yuan-yuan Li. A new set of microsatellite primers for Coelogyne fimbriata (Orchidaceae) and cross-amplification in C. ovalis. Applications in Plant Sciences. 2017, 5 (05): apps.1700025. doi:10.3732/apps.1700025.

15. 于子翔，李丽，俞禄珍，杨翠云，吴建祥，黄卫昌，于翠．建兰花叶病毒和齿兰环斑病毒联合免疫胶体金试纸条的研制及应用. 植物保护，2017，43（06）：139-143.

16. Chao Hu, Huai-zhen Tian, Hong-qing Li, Ai-qun Hu, Fu-wu Xing, Avishek Bhattacharjee, Tianchuan Hsu, Pankaj Kumar, and Shihwen Chung. Phylogenetic analysis of a 'Jewel Orchid' genus *Goodyera* (Orchidaceae) based on DNA sequence data from nuclear and plastid regions. PloS one, 2016, 11（02）.

17. Song-Jun Zeng, Wei-chang Huang, Kun-lin Wu, Jianxia Zhang, Jaime A. Teixeira da Silva and Jun Duan . In vitro propagation of Paphiopedilum orchids. Critical Reviews in Biotechnology, 2016, 36 (03): 521-534.

18. Yan-lei Feng, Susann Wicke, Jian-wu Li, Yu Han, Choun-sea Lin, De-zhu Li, Ting-ting Zhou, Wei-chang Huang, Lu-qi Huang, Xiao-hua Jin. Lineage-specific reductions of plastid genomes in an orchid tribe with partially and fully mycoheterotrophic species. Genome Biology and Evolution. 2016, 8 (07): 2164–2175.

19. 倪子轶. 上海辰山植物园兰花栽培温室结构与环境. 上海园林科技，2016，37（02）：41-44.

20. 邵丽. 巨兰的栽培及繁殖技术. 南方农业，2016，10（14）：28-29.

21. Song-jun Zeng, Wei-chang Huang, Kun-lin Wu, Jian-xia Zhang, Jaime A, Teixeira da Silva, and Jun Duan. In vitro propagation of Paphiopedilum orchids. Critical Reviews in Biotechnology, 2015, 1-14.

22. Song-zhi Xu, De-zhu Li, Jian-wu Li, Xiao-guo Xiang, Wei-tao Jin, Wei-chang Huang, Xiao-hua Jin, Lu-qi Huang. Evaluation of the DNA barcodes in Dendrobium (Orchidaceae) from mainland Asia. PLos One, 2015, 10 (01): e0115168-e0115168.

23. 胡超，肖月娥，蒋凯，黄卫昌. 东非兰科植物研究进展. 中国植物园，北京：中国林业出版社，2015.

24. 黄卫昌，周翔宇，倪子轶，邵丽. 基于标本和分布信息评估中国虾脊兰属植物的濒危状况. 生物多样性，2015，23（04）：493-498.

25. Wei-Tao Jin, Xiao-Hua Jin, Andre Schuiteman, De-Zhu Li, Xiao-Guo Xiang, Wei-Chang Huang, Jian-Wu Li, Lu-Qi Huang. Molecular systematics of subtribe Orchidinae and Asiantaxa of Habenariinae (Orchideae, Orchidaceae) based on plastid matK, rbcL and nuclear ITS. Molecular Phylogenetics and Evolution, 2014, 77: 41-53.

26. Xiao-Guo Xiang, Wei-Tao Jin, De-Zhu Li, Andre Schuiteman, Wei-Chang Huang, Jian-Wu Li, Xiao-Hua Jin, Zhen-Yu Li. Phylogenetics of tribe Collabieae (Orchidaceae, Epidendroideae) based on four chloroplast genes with morphological appraisal. PLos One, 2014, 9 (01): e87625-e87625.

27. 龚晔，景鹏飞，魏宇昆，黄卫昌，崔浪军. 中国珍稀药用植物白及的潜在分布与其气候特征，植物分类与资源学报，2014，44（05）：959-960.

28. Wei-Chang Huang, Xiao-Hua Jin, Xiao-Guo Xiang. *Malleola tibetica* sp. nov. (Aeridinae, Orchidaceae) from Tibet, China. Nordic Journal of Botany, 2013, 31 (06): 717-719.

29. Xiao-Guo Xiang , Andre Schuiteman, De-Zhu Li, Wei-Chang Huang, Shih-Wen C hung, Jian-Wu Li, Hai-Lang Zhou, Wei-Tao Jin, Yang-Jun Lai, Zhen-Yu Li, Xiao-Hua Jin. Molecular systematics of Dendrobium (Orchidaceae, Dendrobieae) from mainland Asia based on plastid and nuclear sequences. Molecular Phylogenetics and Evolution, 2013, 69 (03): 950-960.

（二）专著 1 部

黄卫昌，胡超，倪子轶，邵丽（主编）. 兰花的鉴赏与评审. 北京：中国林业出版社，2018.

（三）专利 1 项

曾歆花，倪子轶，邵丽，周翔宇，黄卫昌. "一种白及种子便捷播种和种苗快速回土的方法"，专利申请号：201810732807.2。

（四）新品种 3 项

1. 黄卫昌，邵丽，倪子轶. Angraecum SAJVOL Base，发证机构为 Royal Horticultural Society，2017.

2. 黄卫昌，邵丽，倪子轶. Polystachya SAJVOL Chamber，发证机构为 Royal Horticultural Society，2017.

3. 倪子轶，邵丽，黄卫昌. Grammandium SAJVOL Episode，发证机构为 Royal Horticultural Society，2014.

五、荷花收集

（一）学术期刊论文 19 篇

1. 秦密，刘凤栾，刘青青，曹建国，陈煜初，田代科. 国内外 8 个不同种源地莲（Nelumbo）的成熟胚离体培养比较. 中国农学通报，2020，36（10）：69-78.

2. Dasheng Zhang, Qing Chen, Qingqing Liu, Fengluan Liu, Lijie Cui, Wen Shao, Shaohua Wu, Jie Xu, Daike Tian. Histological and cytological characterization of anther and

appendage development in Asian lotus (Nelumbo nucifera Gaertn.) International Journal of Molecular Sciences, 2019. 20 (05): 1015. （3 区，IF=3.7）

3. 田代科，陈煜初，Hoang Thi Nga. 基于实地考察了解越南的荷花资源、研究及产业现状. 长江蔬菜，2019（06）：40-45.

4. 田代科，刘义满，谢克强，陈龙清，李子俊. 中泰荷花睡莲产业及研究合作交流回顾中国园林，2019，35（增刊）：37-42.

5. 刘凤栾，田代科. 观赏荷花新品种'大黄蜂'. 园艺学报，2019，46（S2）：2890-2891.

6. 闵睫，刘凤栾，田代科，向言词. 荷花切花品种的综合评价及良种筛选. 南方农业学报，2019，50（08）：1792-1800.

7. 刘丽，李雁瓷，闵睫，向言词，田代科. 世界荷花品种资源统计及特征分析. 农业科学. 2019. 9（03）：163-181.

8. 闵睫，向言词，田代科. 荷花切花消费需求及市场潜力分析. 安徽农业科学. 2018. 46（22）：212-217.

9. 刘凤栾，秦密，张大生，刘青青，陈煜初，田代科. 基于形态特征和 EST-SSR 标记比较分析荷花洒锦系品种的差异. 分子植物育种. 2018. 16（04）：1-12.

10. 陈岳，张微微，莫海波，付乃峰，田代科. EST-SSR 标记构建莲（Nelumbo Adans.）遗传连锁图谱. 分子植物育种. 2017. 15（06）：2265-2273.

11. Liu AM, Tian DK, Xiang YC, Mo HB. Effects of Biochar on growth of Asian lotus (Nelumbo nucifera Gaertn.) and cadmium uptake in artificially cadmium-polluted water. Scientia Horticulturae. 2016. 198: 311-317. （3 区，IF=1.62）

12. Feng CY, Li SS, Yin DD, Zhang HJ, Tian DK, Wu Q, Wang LJ, Su S, Wang LS. Rapid determination of flavonoids in plumules of sacred lotus cultivars and assessment of their antioxidant activities. Industrial Crops and Products. 2016. 87: 96-104. （1 区，IF=3.18）

13. 吴璇，张大生，田代科，张微微，刘青青，刘凤栾，陈青，赵喜双，吴少华. 荷花花蕾 cDNA 文库构建及质量评价. 亚热带植物科学. 2016. 45（01）：48-52.

14. Li C, Mo HB, Tian DK, Xu YX, Meng J, Tilt K. Genetic diversity and structure of American lotus (Nelumbo lutea Willd.) in North America revealed from microsatellite markers. Scientia Horticulturae. 2015.189: 17-21. （3 区，IF=1.37）

15. 徐玉仙，张微微，莫海波，李春，曹建国，田代科. 基于 EST-SSR 标记的莲属种质资源遗传多样性分析. 植物分类与资源学报. 2015. 37（05）：595-604.

16. 陈岳，张薇薇，田代科，王金刚. 莲 NnFUL 基因克隆、亚细胞定位及表达分析. 上海农业学报. 2015. 31（04）：11-18.

17. Zhang WW, Tian DK, Huang X, Xu YX, Mo HB, Liu YB, Meng J, Zhang DS.

Characterization of Flower-Bud Transcriptome and Development of Genic SSR Markers in Asian Lotus (Nelumbo nucifera Gaertn.).PLoS One. 2014. 9 (11): e112223. DOI: 10.1371/journal.pone. 0112223.（3 区，IF=3.23）

18．Tian DK, Mo HB, Zhang WW, Huang X, Li C, Xu YX. Progress on international lotus registration and construction of international Nelumbo database. Acta Horticulturae. 2014. 1035: 79-85.（ISTP 收录）

19．黄秀，田代科，张微微，曾宋君，莫海波．荷花"重瓣化"的形态发育比较观察．植物分类与资源学报．2014．36（03）：303-309．

（二）产业及科普杂志文章 15 篇

1．Tian DK. 2018 Plant Registrations: New Lotus Cultivars. Water Garden J. 2018. 33 (04): 12-23.

2．秦密，刘凤栾，张大生，田代科．荷花由单瓣到千瓣的演化及调控机制探讨．自然杂志 2018．40（03）：218-222．

3．Tian DK. 2017 Plant Registrations: New Lotus Cultivars. Water Garden J. 2017. 32 (04): 24-30.

4．Tian DK. 2016 Plant Registrations: New Lotus Cultivars. Water Garden J. 2016. 31 (04): 8-13.

5．Tian DK. Plant Registrations: New Lotus. Water Garden J. 2015. 30 (04): 18-23.

6．Tian DK. Event report: The second Symposium on Lotus Breeding and International Nelumbo Registration held in Hangzhou, China. Water Garden J. 2015. 30 (04): 11.

7．田代科．如何识别'中山红台'和'至尊千瓣'．中国花卉盆景．2015．（08）：18-19．

8．Liu QQ, Mo HB, Tian DK. Event report: 1st symposium on lotus breeding and international Nelumbo registration held in Shanghai. Water Garden J. 2014. 29 (04): 8.

9．田代科．又逢荷花盛开时．生命世界．2014．（06）：1．

10．田代科．映日荷花别样红．生命世界．2014．（06）：4-9．

11．田代科．古代莲故事．生命世界．2014．（06）：10-11．

12．田代科．荷花与睡莲．生命世界．2014．（06）：12-13．

13．田代科．夏日荷花竞妖娆．生命世界．2014．（06）：19-21．

14．田代科．绿塘摇艳赏荷花．生命世界．2014．（06）：32-39．

15．田代科，张大生．莲叶何田田——世界荷花研究进展．生命世界．2014．（06）：40-45．

（三）新品种

通过杂交、离子注入、辐射育种和化学诱变等手段，获得大量优株，培育出新'肯之梦''中美娇''红丝绢''芙蓉奇葩''辰山白鹤''辰山飞燕''凫鸳秀羽''巧变天使''变脸''大黄蜂''金福娃''胭脂碗''博爱'等新优品种，其中23个被国际登录，7个正开展国家新品种保护登记。2020年6月28日，为纪念孙中山先生的博爱精神而命名的新品种'博爱'莲在上海市民革大厦一层举行了命名仪式，引起了社会反响。

（四）专利2项

1. 田代科，张大生，陈青，刘青青，赵喜双，吴璇，陈蒙娇，吴少华。一种外源基因转化到荷花中的瞬时表达方法。专利号：ZL 2016 1 0824255.9；授权公告号：CN106222195 B；申请日期：2016-9-14。

2. 刘青青，田代科，张大生，刘凤栾，秦密，闵婕。一种利用成熟莲胚进行快繁的方法，2020，专利号：ZL201810274946.5。

六、月季收集

（一）期刊论文3篇

1. 刘洋，胡永红. 月季育种及辰山植物园育种策略. 农业科技与信息（现代园林），2015，12（05）：345-348.

2. 周丹燕. 八个藤本月季品种在上海地区的栽培性状比较. 农业科技与信息（现代园林），2015，12（10）：794-798.

3. 李丽. 辰山植物园月季黑斑病研究. 农业科技与信息（现代园林），2013，10（08）：36-39.

（二）新品种申报3项

1. 永恒之眼申请号：20200923。
2. 橘火申请号：20200922。
3. 翻译家申请号：20200921。

七、球兰属植物收集

（一）专著1部

杨庆华，黄卫昌. 球兰. 上海科学技术出版社，2017，1.

该书介绍了70个球兰的种及品种，包含已知、市场常见，以及一些比较珍稀的或才开始栽培的球兰种类。该书荣获第九届中国花卉博览会科技成果类（出版物）银奖。

（二）期刊论文3篇

1. 李莉. 球兰属植物介绍及栽培养护. 园林，2017，1：60-63.

2. 杨庆华，李莉，王晓俐，魏顶峰. 几种激素对球兰扦插生根的影响. 山东林业科技，2015，5：18-22.

3. 杨庆华，周伟国，魏顶峰，李莉. 球兰属系统学研究进展. 安徽农业科学，2013，41（13）：5691-5693.

八、食虫植物收集

期刊论文5篇

1. 汪艳平，杨庆华. 猪笼草扦插繁殖的适宜栽培因子研究. 中国野生植物资源，2020，39（03）：44-47+71.

2. 杨庆华，汪艳平. 中国野生猪笼草资源分布现状及养分利用策略. 中国野生植物资源，2019，38（03）：86-90.

3. 汪艳平，杨庆华. 猪笼草评价体系初探. 山东林业科技，2018，48（05）：1-8.

4. 汪艳平，卫辰. 富氢水处理对猪笼草扦插生根的影响. 现代农业科技，2016（14）：136-137.

5. 汪艳平. 猪笼草栽培繁殖及景观应用. 现代农业科技，2016（05）：164-165.

九、蔬菜收集

（一）期刊论文4篇

1. Wang H#, Wu Y#, Zhang Y, Yang J, Fan W, Zhang H, Zhao S, Yuan L, Zhang P. CRISPR/Cas9-Based Mutagenesis of Starch Biosynthetic Genes in Sweet Potato (Ipomoea batatas) for the Improvement of Starch Quality. International Journal of Molecular Sciences. 2019, 20 (19): 4702.

2. Quispe-Huamanquispe DG, Gheysen G, Yang J, Jarret R, Rossel G, Kreuze JF. The

horizontal gene transfer of Agrobacterium T-DNAs into the series Batatas (Genus Ipomoea) genome is not confined to hexaploid sweetpotato. Scientific Reports. 2019, 9 (01): 12584. doi: 10.1038/s41598-019-48691-3.

3. Singh D, Sergeeva L, Ligterink W, Aloni R, Zemach H, Doron-faigenboim A,Yang J, Zhang P, Shabtai S, Firon N. Gibberellin Promotes Sweetpotato Root Vascular Lignification and Reduces Storage-root Formation. Frontiers in Plant Science doi: 10.3389/fpls. 2019. 01320.

4. Wang H, Wang C, Fan W, Yang J, Appelhagen I, Wu Y, Zhang P. A novel glycosyltransferase catalyses the transfer of glucose to glucosylated anthocyanins in purple sweet potato. Journal of Experimental Botany. 2018, 69 (22) : 5444-5459.

（二）科普著作 1 部

丁洁．蔬菜图说——辣椒的故事．上海：上海科学技术出版社，2018．

十、绣球属植物收集

（一）期刊论文 1 篇

张宪权．上海辰山植物园绣球专类园的规划设计与景观营造．现代园艺，2018（07）：136-138．

（二）新品种申报 7 项

1. 同心月申请号：20190147。
2. 同心锁申请号：20190146。
3. 霓裳羽衣申请号：20190145。
4. 梦幻星空申请号：20200364。
5. 紫之梦申请号：20200363。
6. 青山蓝默蝶申请号：20200833。
7. 青山恋花申请号：20200832。

十一、芍药科植物收集

（一）专著 1 部

胡永红，韩继刚．江南牡丹——资源、栽培及应用，2018 第一版．北京：科学出版社，2018．

（二）期刊论文 12 篇

1. Shuiyan Y, Xiao Z, Liangbo H, Yuping L, Yonghong H. Transcriptomic analysis of α -linolenic acid content and biosynthesis in Paeonia ostii fruits and seeds. BMC Genomics, 2021, 22 (01).

2. Zhang X, Zhai Y, Yuan J, Hu Y. New insights into Paeoniaceae used as medicinal plants in China. Scientific reports. 2019; 9 (01): 1-10.

3. Yao Z, Guo Z, Wang Y, Li W, Fu Y, Lin Y, et al. Integrated Succinylome Profiling and Metabolomics Reveal Crucial Role of S-ribosylhomocysteine lyase in Quorum Sensing and Metabolism of Aeromonas hydrophila. Molecular & Cellular Proteomics. 2018.

4. Yao Z, Sun L, Wang Y, Lin L, Lin X. Quantitative Proteomics Reveals Antibiotics Resistance Function of Outer Membrane Proteins in Aeromonas hydrophila. Frontiers in Cellular and Infection Microbiology. 2018; 8: 390.

5. Mao Y, Han J, Tian F, Tang X, Hu Y, Guan Y. Chemical Composition Analysis, Sensory, and Feasibility Study of Tree Peony Seed. Journal of Food ence. 2017; 82 (01-03): 553.

6. Zheng Z, Han J, Mao Y, Tang X, Guan Y, Hu Y. Health Benefits of Dietary Tree Peony Seed Oil in a High Fat Diet Hamster Model. Functional Foods in Health and Disease. 2017; 7 (02): 135-48.

7. 何新颖，戚杰，胡永红. 基于比较转录组分析'乌龙捧盛'牡丹花瓣初步着色的分子机理. 2017 年中国观赏园艺学术研讨会；2017；中国四川成都.

8. 胡燕莉，袁军辉，胡永红. 水淹和恢复对凤丹光合特性和根系活力的影响. 西北植物学报. 2017；37（08）：1586-1594.

9. 戚杰，何新颖，宣亚楠，刘庆华，胡永红. 油用兼观赏型凤丹牡丹杂交育种研究初探. 广东农业科学. 2017；44（03）：67-74.

10. Gao L, Yang H, Liu H, Yang J, Hu Y. Extensive transcriptome changes underlying the flower color intensity variation in Paeonia ostii. Frontiers in plant science. 2016; 6: 1205.

11. Jian L, Jigang H, Yonghong H, Ji Y. Selection of Reference Genes for Quantitative Real-Time PCR during Flower Development in Tree Peony (Paeonia suffruticosa Andr.). Frontiers in Plant ence. 2016; 7: 516.

12. Shuiyan Y, Shaobo D, Junhui Y, Yonghong H. Fatty acid profile in the seeds and seed tissues of Paeonia L. species as new oil plant resources. Scientific reports. 2016; 6.

（三）专利 4 项

1. 于水燕，胡永红，张晓. 2020. 一种编码凤丹 Δ15 脂肪酸去饱和酶的 DNA 序列及其应用．202010113544.4。

2．袁军辉，胡永红等．2018．一种快速确定牡丹花粉母细胞减数分裂时期的方法．201410649179.3。

3．袁军辉，胡永红等．2017．一种获得牡丹单条染色体的方法．201410648397.5。

4．胡永红，袁军辉，于水燕，韩继刚．2015．一种快速提取和分离牡丹种子中脂类成分的方法．ZL201510650997.X。

（四）新品种 2 项

1．金琉鹤舞品种权号：20210069。

2．银粟紫染品种权号：20210113。

十二、木兰科植物收集

（一）期刊论文 1 篇

杜习武，叶康，秦俊．星花玉兰及其品种的光响应模型筛选．西部林业科学2019，4：132-136.

（二）申请新品种保护 2 项

1．'辰星'玉兰品种权号：20210221。

2．'紫云'玉兰品种权号：20210222。

十三、海棠类植物收集

期刊论文 2 篇

1．虞莉霞．上海辰山植物园海棠专类园改造对策．绿色科技，2018（13）：129-132.

2．刘洋，黄卫昌，彭贵平．上海辰山植物园海棠园现状分析及建议．南方农业学报，2012，43（06）：835-838.

十四、樱属植物收集

期刊论文 1 篇

虞莉霞．15 个晚樱品种在上海地区观赏性状调查．园艺与种苗，2018（03）：24-27.

十五、观赏草类植物收集

期刊论文 4 篇

1. 田娅玲. 观赏草在大尺度花境中应用的理论与实践——以上海辰山植物园为例. 安徽农学通报，2020，26（Z1）：65-67+69.

2. 陈必胜，田娅玲. 观赏草专类园的概念规划与设想. 现代园林，2018，15（01）：93-95.

3. 田娅玲. 观赏草在园林应用中的机遇与挑战分析及对策建议. 现代园艺，2016（15）：28-30.

4. 田娅玲. 观赏草专类园的景观配置. 绿色科技，2016（17）：51-52+54.

十六、多肉植物收集

期刊论文 3 篇

1. 林琛，魏顶峰，张慢，尤黎明. 龙舌兰品种的纵切法和胴切法技术研究. 绿色科技，2016（05）：9-12.

2. 魏顶峰. 多功能多肉植物的概述. 南方园艺，2015，26（02）：59-61.

3. 魏顶峰，杨庆华. 龙舌兰属植物的经济价值探讨. 中国园艺文摘，2013，29（12）：229-230.

十七、阴生观赏植物收集

期刊论文 5 篇

1. 孙国胜，邓敏，方俊，李谦盛. 牛耳朵对不同光照环境的生理响应. 北方园艺，2015（22）：69-73.

2. 李谦盛，瞿家莺，沈丹峰，叶小波，邓敏. 卡柱苣苔叶片扦插繁殖技术初探. 浙江农业学报，2014，26（03）：675-679.

3. 赵伟，邓敏，戴锡玲，李谦盛. 烟叶唇柱苣苔的高温半致死温度及其对高温胁迫的生理响应. 经济林研究，2014，32（04）：83-87.

4. Qiansheng Li, Min Deng, Yanshi Xiong, Allen Coombes, Wei Zhao, Jean Louis Hilbert. Morphological and Photosynthetic Response to High and Low Irradiance of Aeschynanthus longicaulis. The Scientific World Journal, 2014.

5. Qiansheng Li, Min Deng, Jie Zhang, Wei Zhao, Yigang Song, Quanjian Li, Qingjun Huang, G. Galiba, H. Verhoeven. Shoot Organogenesis and Plant Regeneration from Leaf

Explants of Lysionotus serratus D. Don. The Scientific World Journal, 2013.

十八、睡莲科植物收集

（一）期刊论文 4 篇

1. 杨宽. 6 种睡莲叶片解剖结构及耐寒性评价. 分子植物育种：1-13〔2021-09-17〕. http://kns.cnki.net/kcms/detail/46.1068.S.20201009.1817.004.html.

2. 杨宽，朱天龙. 睡莲新品种'婚纱'. 园艺学报，2020，47（S2）：3076-3077.

3. 杨宽. 不同类型睡莲对重金属 Cu、Pb 的吸收及富集特征. 植物学研究，2019，8（04）：366-369.

4. 屠莉，孙小晶，杨宽. 基于层次分析法的上海地区耐寒睡莲综合评价. 植物学研究，2017，6（02）：39-46.

（二）新品种 4 个

〔天琴座〕睡莲、〔爱琴海〕睡莲、〔仲夏〕睡莲、〔极光〕睡莲于 2018—2021 年进行了国际新品种登录。

十九、药用植物收集

期刊论文 9 篇

1. 朱军杰，周翔宇，尤黎明. 不同栽培基质对紫堇的生长影响. 黑龙江农业科学，2019（05）：42-44.

2. 周翔宇，朱军杰，尤黎明. 14 种紫堇属植物的引种适应性初步研究. 现代园艺，2019（04）：11-119.

3. 林峰，肖月娥，周翔宇等. 25 份鸢尾属植物基因组 DNA C 值的流式测定. 草地学报，2018，26（04）：579-584.

4. 周翔宇，林峰，徐莉，李卫正. 基于流式细胞术的五种鼠尾草基因组 C 值测定. 南方农业学报，2017，48（06）：960-965.

5. 林峰，周翔宇，徐莉，孙海军，宣艳. 几种鼠尾草属植物基因组 C 值测定. 农业生物技术学报，2017，25（10）：1622-1628.

6. 尤黎明，周翔宇. '秋日粉红'兰香草的栽培和园林应用. 园林，2016（09）：68-70.

7. 周翔宇. 华东鼠尾草属植物的引种栽培及其物候期观察. 南方农业学报，

2013, 44（03）: 482-485.

8. 杨庆华，周翔宇，夏勃，魏宇昆. 华东区系鼠尾草属药用植物资源. 中国野生植物资源，2011，30（02）：21-26.

9. 周翔宇，刘坤良，王大文等. 岩石和药用植物园. 园林，2010，217：32-35.

二十、秋海棠科植物收集

（一）期刊论文 18 篇

1. Daike Tian, Chun Li, Xun-Lin Yu, Jian-Lin Zhou, Ke-Min Liu, Jiang-Ping Shu, Xi-Le Zhou, Yan Xian. A new tuberous species endemic to Danxia landforms in central China. Phytotaxa, 2019, 407 (01): 101-110.

2. Yi Tong, Dai-Ke Tian, Jiang-Ping Shu, Yan Xiao, Bing-Mou Wang, Nai-Feng Fu. Begonia yizhouensis, a new species in Begonia sect. Coelocentrum (Begoniaceae) from Guangxi, China. Phytotaxa, 2019, 407 (01): 059-070.

3. Wen-Hong Chen, Dai-Ke Tian, Sirilak Radbouchoom, Yan Xiao, Yi-Yan Cong, Shi-Wei Guo & Yu-Min Shui. Miscellaneous notes on Begonia medogensis (Begoniaceae). Phytotaxa, 2018, 381 (01): 100-106.

4. Yan-Li Han, Daike Tian, Nai-Feng FU, Yan Xiao, Zong-Yun Li & Yong-Hua Han. Comparative analysis of rDNA distribution in 29 species of Begonia sect. Coelocentrum Irmsch. Phytotaxa. 2018, 381 (01): 141-1520.

5. Daike Tian, Yan Xiao, Yi Tong, Naifeng Fu, Qingqing Liu, Chun Li. Diversity and conservation of Chinese wild begonias. Plant Diversity, 2018, 40 (03): 75-90.

6. Chun Li, Jun-Lin Chen, Yong-Yong Li, Dai-Ke Tian. Genetic diversity of Begonia versicolor (Begoniaceae), a narrow endemic species in southeast Yunnan of China. Taiwania, 2018, 63 (01): 49-53.

7. 付乃峰，赵斌，田代科. 不同 LED 光照强度对盾叶秋海棠生长的影响. 农业科学. 2018，8（09）：1007-1014.

8. 杨梦洁，张大生，陈青，田代科，刘凤栾，付乃峰，吴少华. 瓦氏秋海棠（*Begonia wallichiana* Lehm.）的遗传转化，分子植物育种. 2018，14：4632-4637.

9. Bin Zhao, Naifeng Fu, Yanci Xiang, Daike Tian. Screening of high-quality substrate for soilless culture of *Begonia cucullata* Willd. Agricultural Science & Technology. 2017, 18 (07): 1295-1300.

10. 田代科，李春，肖艳，付乃峰，童毅，吴瑞娟. 中国秋海棠属植物的自然杂交发生及其特点. 生物多样性. 2017，25（06）：654-674.

11. 赵斌，付乃峰，向言词，田代科. 四种秋海棠无土栽培优良基质的筛选. 北方园艺. 2017，（09）：79-84.

12. 赵斌，付乃峰，向言词，田代科. 光照强度及栽培基质对秋海棠新品种'宁明银'生长的影响. 广西植物. 2017，39（09）：1153-1160.

13. Li C, Yang LH, Tian DK, Chen Y, Wu RJ, Fu NF. *Begonia leipingensis* (Begoniaceae), a new compound-leaved species with unique petiolule pattern from Guangxi of China. Phytotaxa. 2016, 244 (01): 045-056.

14. 赵斌，付乃峰，向言词，田代科. 光照强度对四季秋海棠及瓦氏秋海棠生长的影响. 上海农业学报. 2016，32（06）：25-30.

15. Li C, Tian DK, Li XP, Fu NF. Morphological and molecular identification of natural hybridization between *Begonia hemsleyana* and *B. macrotoma*. Scientia Horticulturae. 2015, 192: 357-360.

16. Tian DK, Li C, Li CH, Li XJ. *Begonia pulchrifolia* (sect.Platycentrum), a new species of Begoniaceae from Sichuan of China. Phytotaxa. 2015, 207 (03): 242–2520.

17. Tian DK, Li C, Yan YH, Li XP, Meng J. *Begonia intermedia*, a new species of Begoniaceae from Hainan China. Phytotaxa. 2014, 166 (02): 114-1220.

18. 李行娟，田代科，李春，刘克明，李湘鹏，中田政司. 秋海棠（*Begonia grandis*）的历史文化、利用、资源多样性和研究进展. 植物学研究. 2014，3：117-139.

（二）新品种 3 个

［宁明银］、'繁星'和［辰山银］分别于 2018 年和 2020 年完成国际登录。

（三）授权专利 1 项

田代科，张大生，陈青，赵喜双，付乃峰，刘青青，陈蒙娇，吴少华。一种瓦氏秋海棠的立体再生方法，专利号：ZL 2016 1 0824265.2，授权公告号：CN106386491 B；申请日期：2016-9-14。

二十一、蕨类植物收集

（一）专著 4 部

1. 严岳鸿，周喜乐. 海南蕨类植物. 北京：中国林业出版社，2018.

2. 严岳鸿，张宪春，周喜乐，孙久琼. 中国生物物种名录—蕨类植物. 北京：科学出版社，2016.

3. 严岳鸿，石雷. 蕨类植物迁地保护的方法与实践. 北京：中国林业出版社，2014.

4. 严岳鸿，张宪春，马克平. 中国蕨类植物多样性与地理分布. 北京：科学出版社，2013.

（二）期刊论文 50 篇

1. Dongmei Jin, Xi-Le Zhou, Harald Schneider, Hong-Jin Wei, Hong-Yu Wei and Yue-Hong Yan. Functional traits: Adaption of ferns in forest. J Syst Evol, 2020, 00: 1-11.

2. Hui Shang, Xue Zhiqing, Gu Yingfeng & Zhang Lingbing. Revision of the fern genus *Didymochlaena* (Didymochlaenaceae) from Madagascar.Phytotaxa, 2020, 459 (04): 252-264.

3. Pedro B. Schwartsburd, Leon R. Perrie, Patrick Brownsey, Lara D. Shepherd, Hui Shang, David S. Barringtond, Michael A. Sundue. New insights into the evolution of the fern family Dennstaedtiaceae from an expanded molecular phylogeny and morphological analysis. Molecular.Phylogenetics and Evolution, 2020, 150, 106881.

4. Rui Zhang, Jun-Hao Yu, Wen Shao, Wei-Qing Wang, Hui Shang, Xi-Long Zheng, Yue-Hong Yan. Ceratopteris shingii, a new species of *Ceratopteris* with creeping rhizomes from Hainan, China. Phytotaxa. 2020, 449 (01): 023-030.

5. Wang T, Xiao B, Liu ED, Nguyen KS, Duan JQ, Wang KL, Yan YH, Xiang JY. Rediscovery of *Angiopteris tonkinensis* (Marattiaceae) after 100 years, and its revision. PhytoKeys, 2020 (161): 1-9.

6. Yunong Mu, Yuehong Yan, Baodong Liu & Hui Shang The complete chloroplast genome sequence of *Hypolepis sparsisora* (Dennstaedtiaceae), Mitochondrial DNA Part B, 2020, 5:1, 298-299.

7. 顾钰峰，金冬梅，刘保东，戴锡玲，严岳鸿. 蕨类植物的鳞片特征及演化 I：凤尾蕨科. 植物学报，2020，55（02）：163-176.

8. 魏作影，顾钰峰，夏增强，袁泉，沈慧，陈凤彬，曹建国，严岳鸿. 江西省石松类和蕨类植物分布新记录 6 种. 植物资源与环境学报，2020，29（05）：78-80.

9. Dong, S., Xiao, Y., Kong, H., Feng, C., Harris, A., Yan, Y., Kang, M. Nuclear loci developed from multiple transcriptomes yield high resolution in phylogeny of scaly tree ferns (Cyatheaceae) from China and Vietnam, Molecular Phylogenetics and Evolution, 2019, 139: 106567.

10. Jiao Zhang, Li Liu, Jiang-Ping Shu, Dong-Mei Jin, Hui Shen, Hong-Feng Chen, Rui Zhang, and Yue-Hong Yan. Transcriptomic Evidence of Adaptive Evolution of the Epiphytic Fern *Asplenium nidus*. International Journal of Genomics, 2019 Dec 1; 2019: 1429316.

11．Rui Zhang, Fa-Guo Wang, Jiao Zhang, Hui Shang, Li Liu, Hao Wang, Guo-Hua Zhao, Hui Shen, and Yue-Hong Yan.Dating whole genome duplication in *Ceratopteris thalictroides* and potential adaptive values of retained gene duplicates. International Journal of Molecular Sciences, 2019, 20: 1926.

12．Yunong Mu, Yuehong Yan, Baodong Liu, Hui Shang.2020. The complete chloroplast genome sequence of *Hypolepis sparsisora* (Dennstaedtiaceae). Mitochondrial DNA. Part B, Resources, 2019, 5 (01) , 298-299.

13．莫日根高娃，商辉，刘保东，康明，严岳鸿．一个种还是多个种？简化基因组及其形态学证据揭示中国白桫椤植物的物种多样性分化．生物多样性，2019，27（11）：1196-1204．

14．汪浩，张锐，张娇，沈慧，戴锡玲，严岳鸿．转录组从头测序揭示翼盖蕨（*Didymochlaena trancatula*）的全基因组复制历史．生物多样性，2019，27（11）：1221-1227．

15．赵国华，王莹，商辉，周喜乐，王爱华，王晖，刘保东，严岳鸿．祖先性状重建法揭示铁线蕨属植物孢子表面纹饰的形态多样性及其演化．生物多样性，2019，27（11）：1228-1235．

16．Shang H, M Sundue, R Wei, XP Wei, JJ Luo, L Liu, P B. Schwartsburd, YH Yan, XC Zhang. Hiya: A new genus segregated from *Hypolepis* in the fern family Dennstaedtiaceae based on phylogenetic evidence and character evolution. Molecular Phylogenetics and Evolution, 2018, 127 (2018) 449-458.

17．Liu ZY, HJ Wei, H Shang, R Wei, Y Wang, BD Liu, YH Yan. *Diplazium yinchanianum* (Athyriaceae): A New Fern from the Border between China and Vietnam. Phytotaxa, 2018, 343 (02): 139-148.

18．Luo JJ, Morigengaowa, HJ Wei, XL Dai, YH Yan, H Shang. *Stegnogramma leptogrammoides* (Thelypteridaceae), its discovery in China, and synonymy.Phytotaxa , 2018, 376 (02): 081-088.

19．Morigengaowa, JJ Luo, R Knapp, HJ Wei, BD Liu, YH Yan, H Shang. The identity of *Hypolepis robusta*, as a new synonym of *Hypolepis alpina* (Dennstaedtiaceae), based on morphology and DNA barcoding and the new distribution. PhytoKeys, 2018, 96: 35-45.

20．Shen H, DM Jin, JP Shu, XL Zhou, M Lei, R Wei, H Shang, HJ Wei, R Zhang, L Liu, YF Gu, XC Zhang, YH Yan. Large scale phylogenomic analysis resolves a backbone phylogeny in ferns. GigaScience, 2018, 7: 1-11.

21．罗俊杰，王莹，商辉，周喜乐，韦宏金，黄素楠，顾钰峰，金冬梅，戴锡玲，严岳鸿．基于孢子和分子证据探讨鳞盖蕨属（碗蕨科）系统分类．植物学报，

2018，53（06）：793-800．

22．舒江平，罗俊杰，韦宏金，严岳鸿．基于模式产地的分子证据澄清南平鳞毛蕨的分类学地位．植物学报，2018，53（06）：782-792．

23．韦宏金，陈彬，杨庆华．2018．中国蹄盖蕨科安蕨属一新纪录杂交种——华日安蕨．植物科学学报，2018，36（05）：642-647．

24．韦宏金，陈彬．中国蹄盖蕨科一新纪录植物——光叶对囊蕨．西北植物学报，2018，38（04）：0780-0784．

25．韦宏金，陈彬，詹双候，严岳鸿．安徽省蕨类植物分布新纪录（II）．植物资源与环境学报，2018，27：118-120．

26．韦宏金，周喜乐，金冬梅，严岳鸿．湖南蕨类植物增补．广西师范大学学报（自然科学版），2018，36：101-106．

27．韦宏金，周喜乐，金冬梅，严岳鸿．西藏蕨类植物新纪录．广西植物，2018，38：397-410．

28．Shu JP, Shang H, Jin DM, Wei HJ, Zhou XL, Liu HM, YF Gu, Y Wang, FG Wang, H Shen, R Zhang, A Bayu, YH Yan (2017) Re-establishment of species from synonymies based on DNA barcoding and phylogenetic analysis using *Diplopterygium simulans* (Gleicheniaceae) as an example. PLoS ONE12 (03): e0164604.

29．董仕勇，左政裕，严岳鸿，向建英．中国石松类和蕨类植物的红色名录评估．生物多样性，2017，25（07）：765-773．

30．商辉，严岳鸿．自然杂交与生物多样性保护．生物多样性，2017，25（06）：683-688．

31．舒江平，刘莉，沈慧，戴锡玲，王全喜，严岳鸿．基于系统基因组学分析揭示早期陆生植物的复杂网状进化关系．生物多样性，2017，25（06）：675-682．

32．覃海宁，杨永，董仕勇，何强，贾渝，赵莉娜，于胜祥，刘慧圆，刘博，严岳鸿，向建英，夏念和，彭华等．中国高等植物受威胁物种名录．生物多样性，2017，25（07）：696-744．

33．韦宏金，周喜乐，商辉，严岳鸿．广西蕨类植物新纪录（III）．广西师范大学学报（自然科学版），2017，35（04）：98-105．

34．严岳鸿，康明，马永鹏，周仁超．自然杂交：生物多样性的梦魇还是盛宴？生物多样性，2017，25（06）：561-564．

35．周喜乐，金冬梅，刘以诚，商辉，严岳鸿．蕨类植物孢子囊形态I．鳞始蕨科．植物学报，2017，52（03）：322-330．

36．Shang H, Y Wang, XF Zhu, GH Zhao, FH Wang, JM Lu, YH Yan. Likely allopatric origins of *Adiantum × meishanianum* (Pteridaceae) through multiple hybridizations. Journal of Systematics and Evolution. 2016, 54 (05): 528-534.

37. 韦宏金，顾玉峰，向阳，谷志容，严岳鸿，周喜乐. 湖南省石松类和蕨类植物分布新纪录. 植物资源与环境学报，2016，25（01）：117-119.

38. 韦宏金，舒江平，黄科瑞，严岳鸿，商辉. 海南蕨类植物新纪录. 西北植物学报，2016，36（03）：0627-0630.

39. 韦宏金，周喜乐，金冬梅，王莹，朱晓凤，商辉，赵国华，严岳鸿. 广东蕨类植物新纪录. 广西师范大学学报，2016，34（02）：66-73.

40. 严岳鸿，黄晓磊，马克平. 通过发表实现生物多样性数据共享. 生物多样性，2016，24（12）：1315-1316.

41. 周喜乐，孙久琼，张宪春，严岳鸿. 中国石松类和蕨类植物的多样性与地理分布. 生物多样性，2016，24（01）：102-107.

42. Shang H, QX Ma, YH Yan. *Dryopteris shiakeana* (Dryopteridaceae): A new fern from Danxiashan in Guangdong, China. Phytotaxa, 2015, 218 (02):156-162.

43. Shang H, Y Wang & YH Yan. Development and characterization of microsatellite loci in a pantropical fern *Hypolepis punctata* (Dennstaedtiaceae). Applications in Plant Sciences, 2015, 3 (09): 1-3.

44. Wang CX & YH Yan. A Case of Background Matching in the Caterpillars of *Xenotrachea* (Lepidoptera) with the Fronds of *Polypodiodes amoema* (Polypodiaceae). American Fern Journal, 2015, 106 (03): 223-226.

45. Wang Y, H Shang, XL Zhou, GH Zhao, XL Dai, YH Yan. *Adiantum ailaoshanense* (Pteridaceae), a new natural hybrid from Yunnan, China. Phytotaxa, 2015, 236 (03): 266-272.

46. 王莹，商辉，顾钰峰，韦宏金，赵国华，戴锡玲，严岳鸿. 用核 DNA 和叶绿体 DNA 序列鉴别铁线蕨属（凤尾蕨科）新的隐性杂交种. 科学通报，2015，60：922-932.

47. 周喜乐，严岳鸿. 两种蕨类植物孢子囊柄的结构观察. 植物分类与资源学报，2015，37（03）：271-274.

48. Shrestha N, FW Xing, XP Qi, YH Yan, XC Zhang. *Huperzia nanlingensis* (Lycopodiaceae), a new terrestrial firmoss from southern China. Phytotaxa, 2014 , 173 (01): 073-079.

49. 顾钰峰，韦宏金，卫然，戴锡玲，严岳鸿. 中国双盖蕨属一新记录种——Diplazium × kidoi Sa. Kurata. 植物科学学报，2014，32（04）：336-339.

50. 商辉，严岳鸿. 昆虫幼虫对凤尾蕨属植物孢子囊群的拟态. 自然杂志，2014，36（05）：1-5.

附件 5 辰山植物园活植物管理系统用户手册

欢迎您使用上海辰山植物园活植物管理系统！

系统网址：http://botanicalgardens.cn/alte/default.html

一、登录与注册

若用户未登录，系统自动跳转到登录界面，用户输入用户名及密码，系统验证正确后才可进入系统。

二、基本数据表

1. 种类

专类园、地块、通讯录、批次、引种、个体、日志、铭牌申请工单、铭牌规格、照片、物候观测、养护事件。

2. 操作［新建、编辑、删除］

点击基本数据表的数据条目，进入编辑界面，可对当前数据条目进行编辑、保存、删除，也可创建新的数据条目。在编辑页面底端可上传与该数据条目有关的图片附件。

三、信息串线

1. 管理

1.1 专类园——地块——苗单——植物个体

1.2 专类园——苗单——植物个体

1.3 专类园——园丁、负责人——通讯录——员工信息

2. 引种

2.1 批次——引种记录——植物个体

2.2 批次——供应方——通讯录——供应方信息

2.2 批次——日志

3. 养护

3.1　植物个体——物候观测

3.2　植物个体——养护事件

4. 铭牌

4.1　铭牌申请

4.2　铭牌规格登记

5. 沟通

5.1　群组消息

5.2　规章制度

6. 综合

6.1　植物名录

6.2　活植物图库

6.3　数据统计

四、基本操作

基本操作：数据表中数据记录信息的显示、新建、删除、编辑、保存。演示以引种表作为示例。

1. 数据显示与新建

2. 数据新建、保存、删除、编辑

（1）点击上面"数据显示"界面中的数据条目，进入编辑界面，如下所示：

（2）引种详情编辑界面，如下所示：

五、特色功能

1. 搜索

（1）页内搜索

直接在查询值输入库中输入值即可，系统自动在页内搜索。

（2）全库搜索

需要选择查询字段、查询值，接着点击搜索按钮，系统将返回全库的搜索结果。

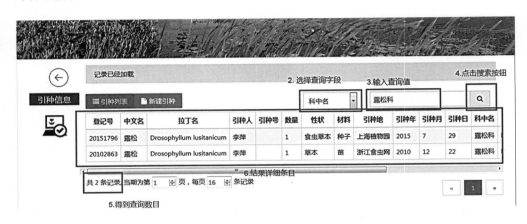

2. 图片上传

（1）附件上传

①上传步骤

- 点击"选择文件"按钮，在文件选择弹出框中选择要上传的文件，每次选择一个。
- 文件选择完成后，在"上传文件"按钮旁会显示选择的文件信息，点击"上传文件"按钮，文件上传。
- 文件上传完成后，会自动加载该附件；如果进入数据记录没有看到附件，可点击"加载文件"按钮，会加载显示该数据记录所有的附件。

②附件操作

● 点击附件，可以全屏展示、查看附件。

● 点击附件左上角的编辑按钮，可以对附件进行说明备注、删除操作。

（2）图库上传

● 打开图库页面，点击蓝色"上传图片"按钮，进入上传图片页面。

● 通过拖放、剪切板快捷键 Ctrl+V、文件选择来选择需要上传的多个文件。

准备上传图像！

水印文本

可在文件选择弹出框中一次选择多个图片

点击选择图片

或将照片拖到这里，单次最多可选300张

直接拖放或者使用快捷键Ctrl+V将剪切板中的图片放入

- 可设置图片的水印文本或者点击白色"继续添加"按钮再添加多个图片文件。

- 点击蓝色"开始上传"按钮，图片文件将批量上传，上传成功的图片会在图片上面显示打勾。

- 回到图库页面，可以查看已经上传成功的图片。

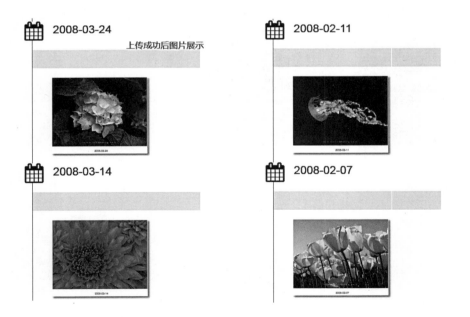

3. 自动编号

系统会根据现在的年份和数据库中登记号情况，自动按照顺序给出登记号。如果需要登记的引种不是本年度的，只要输入年份，如"2015"，然后点击自动编号标志，系统自动编号。如果是以"L"开头的话，只要输入"L"，点击自动编号标志，系统自动编号。

4. 物种信息自动补全

● 点击引种编辑界面中向下箭头图标，可进行中文名或者拉丁名搜索物种信息自动补全。

● 在弹出的相应对话框中，输入查询值，系统会自动返回前 10 个结果，点击选择正确的结果，系统会显示选择的结果，点击蓝色"确认"按钮后，系统会进行信息补全功能；如果没有查询到正确的结果，可在查询值输入框中输入更多的字符，系统会反馈更精确的结果；如果放弃本次查询，点击灰色"取消"按钮即可。

搜索值输入　　　　　　　　　　　　学名输入

搜索结果前10个

- ☑ 'Canyon Creek'糯米条 Abelia 'Canyon Creek'
- ☑ 'Little Richard'糯米条 Abelia 'Little Richard'
- ☑ 'A. 古彻'六道木 Abelia 'Edward Goucher'
- ☑ 'Minaud'糯米条 Abelia 'Minaud'
- ☑ 'Lavender Mist'糯米条 Abelia 'Lavender Mist'
- ☑ 'Minedward'糯米条 Abelia 'Minedward'
- ☑ 'Minpan'糯米条 Abelia 'Minpan'
- ☑ 'Pleasant Surprise'糯米条 Abelia 'Pleasant Surprise'
- ☑ 'Plum Surprise'糯米条 Abelia 'Plum Surprise'
- ☑ 'Raspberry Profusion'糯米条 Abelia 'Raspberry Profusion'

您已经选定了：'Lavender Mist'糯米条 Abelia 'Lavender Mist'

选择结果

确定　　取消

确定按钮　　取消此次操作

● 系统根据用户的选择，自动补全物种信息相应的字段值。

物种信息

中文名	'Lavender Mist'糯米条	拉丁名	Abelia 'Lavender Mist'
原始中名	'Lavender Mist'糯米条	原始学名	Abelia 'Lavender Mist'
未鉴定		科序号	
科中名	忍冬科	科学名	Caprifoliaceae
属中名	六道木属	属学名	Abelia
加词		等级加词	
种下等级		复合杂种	
品种群		品种	'Lavender Mist'
命名人		常见异名	
全名	Abelia 'Lavender Mist'		

物种信息全部自动补全